刘永翔◎著

物尽其用

设计方法之通用设计

MAKE THE MOST OF THINGS

UNIVERSAL DESIGN IN DESIGN METHODS

北京理工大学出版社
BEIJING INSTITUTE OF TECHNOLOGY PRESS

内容提要

本书主要包括三方面内容，首先是对人口老龄化社会趋势下设计社会责任的探讨，由此展开对通用设计理念进一步推广的再倡导；然后围绕老龄化社会实施通用设计的社会效用和设计理论升华进行阐述，总结梳理具体的设计策略；最后从一般设计领域贯彻通用设计的角度进行了实践与方法程序的介绍，为作为提供设计研究与应用实践的借鉴指导。

本书定位于通用设计理念与方法研究，可作为工业设计专业研究生设计方法论类课程学习的教科书，也可以作为建筑、设计和相关专业本科生、硕士生选修课的参考书目。

图书在版编目（CIP）数据

物尽其用：设计方法之通用设计 / 刘永翔著. —北京：北京理工大学出版社，2017.8（2023.2重印）
ISBN 978-7-5682-4111-3

Ⅰ.①物…　Ⅱ.①刘…　Ⅲ.①生活用具—设计
Ⅳ.①TS976.8

中国版本图书馆CIP数据核字（2017）第122837号

出版发行 / 北京理工大学出版社有限责任公司
社　　址 / 北京市海淀区中关村南大街 5 号
邮　　编 / 100081
电　　话 /（010）68914775（总编室）
　　　　　（010）82562903（教材售后服务热线）
　　　　　（010）68944723（其他图书服务热线）
网　　址 / http：//www.bitpress.com.cn
经　　销 / 全国各地新华书店
印　　刷 / 廊坊市印艺阁数字科技有限公司
开　　本 / 787 毫米 ×1092 毫米　1/16
印　　张 / 15.25
彩　　插 / 6　　　　　　　　　　　　　　　　　　责任编辑 / 刘永兵
字　　数 / 211千字　　　　　　　　　　　　　　　文案编辑 / 刘永兵
版　　次 / 2017 年 8 月第 1 版　2023 年 2 月第 2 次印刷　　责任校对 / 周瑞红
定　　价 / 36.00 元　　　　　　　　　　　　　　　责任印制 / 王美丽

图书出现印装质量问题，请拨打售后服务热线，本社负责调换

前　言

可持续发展理念的提出与深入，为现代设计探索资源保护与社会和谐提出了新的要求，使其转化上升为推动社会可持续发展的一种重要动力。伴随社会人口老龄化进程的加剧，设计已经不局限在单纯依靠具体方法模式达到短期的社会协调与环保效应，更多地开始思考对于特殊社会背景下资源使用与生活方式的规划，以及促进社会可持续发展等问题。通用设计理念的研究与再剖析，正是应对这种社会发展背景，重新审视设计的社会作用，探讨老龄化社会背景下资源有效利用对策的一种趋势。

中国作为人口大国，养老模式、人群需求以及老龄人群的生活方式都有其独特之处，加之巨大的老龄人群数量，使老龄社会的需求满足给设计带来了前所未有的压力。如何通过设计探索解决现实问题，促进社会和谐发展，进而有效引导环境资源的合理利用与消耗，已经成为设计的社会责任。通用设计作为一种传统而经典的设计理念，随社会的发展不断演化进步，近年来服务设计的兴起，使得通用设计在另外一个角度和层面被重新审视，其对于设计的社会作用前瞻性的考虑与积极影响被进一步挖掘。

本书主体分为前后两大部分。前半部分以理论与方法研究为主，关注老龄社会推广通用设计的整体阐述。从可持续发展目标出发，定位国内，对社会人口老龄化进程中老龄人群需求满足与设计的资源消耗两方面进行研究。一方面，通过文献检索和实地人群调查，对国内老龄人群生活方式、行为习惯、养老模式进行分析，从老龄人群的养老模式和需求特征明确“共用品”范畴的具体内容，并将其作为通用设计研究与实施的基础。结合社区环境设施、医院导视系统、超市购物系统、居家厨卫设施、医疗用品等方面进行实地调研与典型案例研究比较，梳理老龄人群在生活各层面的具体需求与满足，分析现实设计中存在的问题。另一方面，从资源消耗角度阐明通用设计的有利影响，剖析其在老龄化社会中的推广对于环境资源合理规划与协调社会矛盾的现实意义，并将通用设计中的关怀精神拓展为有助于社会持续发展的“物尽其用”思想，研究其中对于资源保护、企业发展、社会和谐的具体作用，以及倡导“物尽其用”与现代设计追求“物尽其美”的异曲同工。以这两方面研究为基础，将通用设计确立为促进老龄化社会可持续发展的设计指导理念，并围绕老龄人群身心变化特征进行研究，在感知、记忆、行动与心理等变化等方面，总结提出符合老龄化社会趋势的通用设计策略方案。

后半部分以实践探索为主，侧重通用设计理念的具体方法运用。考虑设计思想与方法论的指导性，本书后半部分以附录形式列举了两则以通用设计理念为指导的设计实践案例，并未限定于老龄人群用品，更多侧重一般性设计实践的通用设计思想贯彻，也使本书在介绍阐释通用设计“物尽其用”“物尽其美”理论内容同时，兼顾了设计方法论研究对于设计实践的指导与借鉴价值。

另外，作者在第二章至第六章后都独立设置了“问题回顾”内容。一方面，便于学习者梳理总结相关章节内容，逐章节搭建全书的内容理解与掌握；另一方面，也可以为设计研究与方法选择运用提供引导，使本书作为理论研究论著的同时兼具了教材的功用。

本书由北方工业大学刘永翔著，书中汇集了作者从事通用设计理论研究与设计实践多年的部分成果，并选取了在近年教学中几位研究生的设计案例，编写中也得到了多位师长同人的支持和积极建议。在此向这些参与本书撰写和出版的同行致以由衷的谢意。

限于本人水平和研究的深入性，书中难免存在疏漏之处或者理论观点的错误，期盼同行和使用本书的师生给予批评指正。

目　录

引　言

生存和发展始终是人类社会的两大基本主题。可以说在解决基本生存问题之后，人们考虑的首要问题就是自身的延续和发展。[1]随着社会人口老龄化的逐渐形成和加重，人类社会开始面临新的生存与发展问题：一方面，社会人口老龄化的日趋加重，社会老龄人群的主体性不断上升，使得原有的社会基础与环境在广泛程度上越来越不适应其生存抑或是更好生存的需要；另一方面，技术发展与人的需求的无限制满足造成了资源的无节制消耗和浪费，社会赖以发展的环境资源日益枯竭。作为世界人口最多和老龄化进程最快的国家，中国在老龄化背景下如何保证可持续发展，已经不仅仅是科技单独面对的问题，而且逐渐成为各个领域的重要协作研究内容。正如《增长的极限》中所言："许多问题今天在技术上还没有解决的办法……即使社会的技术进步满足所有的期望，仍然很可能有一种技术解决不了的问题，或者有几种这样的问题，它们的相互作用最后会使人类发展和资本增长终止。"[2]人口老龄化与资源匮乏形势下解决社会可持续发展，单纯依靠倡导技术进步是不够的，需要综合各方面的力量和智慧。这其中，如何通过设计理念与方法探索，解决老龄化社会的可持续发展问题，成为设计领域的热点研究话题，本书的研究与论述正是在这种背景下展开。

当今，设计已经成为人类行为和生活的重要内容，成为人类社会的重要组成部分。[3]社会的持续发展有赖于资源的支持与人际的和谐，设计在其中所起的作用不容忽视。回顾设计的历史，可以发现人类在享受现代设计文明的同时，也逐渐导致了设计带来的人与自然的疏离，以及设计活动对自然环境的不良影响与破坏。[4]生态设计、可持续设计、绿色设计等观念的提出，更是直接指向这类问题，并在具体实施中获得了显著成效。然而，面对日渐显著的社会老龄化现象，单纯解决环境与资源问题的设计思想又似乎忽略了社会可持续发展中的人口问题，及其对资源有效利用的深远影响。同时，平等使用问题的社会化倡导以人口老龄化趋势为基础，促使了无障碍设计理念的产生与推广，使社会和谐稳定的尝试解决得以在设计上有所体现。人类在生态设计和无障碍设计方面取得了明显的成就和效果，但相对于持续发展的长远目标，仍旧处在探索阶段。设计必须把保障促进社会持续发展作为基本原则，尝试向消费者传达正确的价值观和人生观；将设计的原动力跳出市场局限而定位于整个社会的健康发展，增强人类实施设计对社会的规划与控制力。结合时代背景重新审视通用设计理念，正是在这种探索中的又一跨越。以无障碍设计为起源形成的通用设计理念，顺应老龄化社会的特殊人群结构背景，在社会发展与自然资源的持续利用中渐渐显现出前所未有的积极作用。

在目前老龄化社会中，养老、人文关怀、资源利用合理性等问题，都为通用设计的研究与探讨提供了广阔空间。从国内外研究机构、学术团体和企业设计部门在通用设计方面的研究开展来看，通用设计理论与应用的研究已经呈现一种上升浪潮；但同时也发现，通用设计的研究结合社会持续发展，将其放在老龄化背景下进行环境资源保护效用探讨和策略构建的研究却不多见。以现今服务设计倡导性的推动势头，重新锁定时代定位的通用设计理念或许可以再次焕发社会价值。

从社会调查与文献研究中可以明确，在社会老龄化的现实下，确实存在着众多的环境、产品使用“通用性”问题，老龄人群的扩大使得“老年人产品”增加，但限于资源的有效性，这种增加非但没有将关爱扩展到整个社会，却无形中造成了资源的特殊性消耗。定位于常龄人群的大众产品，不能被老龄人群接受使用的同时，又因为老龄人群增加导致的其他人群减少，降低了使用效率……以此种种情况为背景，使得通用设计研究有必要关注社会老龄化趋势，在社会和谐、资源有效消耗以及持续发展方面进行深入探讨，并结合养老模式、老龄人生活方式和生理心理研究，有针对性地制定现实社会中通用设计可行的产品范畴与实施策略，使设计研究确实起到促进社会可持续发展的作用。

美国通用设计专家 John P. S. Salmen 在其撰写的多部著作，如 *Accessible Architecture*、*The Do-Able Renewable Home* 中，一直强调通用设计作为未来设计指导思想的发展趋势以及对环境空间规划的重要作用，他在 *Universal Design and Accessible Design*[5] 中更加明确地阐明了通用设计考虑了人类能力和潜能的全部范围，通过对设计扩展来增强不同年龄段和能力水平的人群能力。而日本通用设计专家中川聪则在《谈高龄化社会的消费市场与通用设计——为何日本各大企业相继导入通用设计》中阐明了社会层面通用设计推广的积极作用，剖析了日本企业在其中的作用和收效。[6]《城市居家老人生活质量评价指标体系研究》阐明了居家养老的发展趋势，并从不同角度研究老龄人群的生活质量评价方法和指标。[7]《我国老年人消费需求和老年消费品市场研究》从老龄化社会现状入手，研究老龄人群消费需求及其特点，探讨针对老龄人群的产品市场发展趋势，并提出发展我国老龄人群产品市场的建议。[8]

国内外关于老年人身心变化、生活方式和通用设计的研究，以及养老模式的实践探索，为本书提供了理论研究基础，使本书相关内容的撰写得以充分展开和深入进行。

上篇

老龄化社会之通用设计

1 CHAPTER 绪论

信息时代是一个设计的时代，是设计的作用和地位真正得以在社会生活中显现的时代。[9] 然而，设计作为一个系统，只是整个地球生态圈运动中的一个环节，必须顺应并起到保护生态系统环境平衡与和谐的作用。面对可持续发展中的环境资源保护与使用，以及社会人口老龄化趋势，平等满足广泛人群需求的同时，最大化地有效利用每一份地球资源，使设计“物尽其用”，已经成为当今设计研究的战略性课题。

1.1 概念解析

1.1.1 通用设计

通用设计的明确定义最早由美国北卡罗来纳大学朗·麦斯（Ron Mace）教授提出：通用设计是这样的设计，它设计的产品和环境不带有适应性和专用性，可以被尽可能多的人最好是所有的人使用（Universal design is the design of products and environments to be usable by all people，to the greatest extent possible，without the need for adaptation or specialized design）。[10]

因各国学者在见解、习惯与语言方面的不同，通用设计也拥有多种名称。常见的英文名称有三种：

Inclusive Design——意为包含、包括、包容，范围很广，但无法明确地指出通用设计最重要的概念为何，英国常用此名称指代通用设计；

Universal Design，简称 UD——意为普遍的、通用的，是指普遍能被大众接受或使用的设计，美国常用此名称，本文的研究也以此概念为基础；

Design for all——与 Universal Design 是一样的含义。

与英文名称相似，通用设计的中文名称也有很多种，较常见的为以下这几种：通用设计、共通性设计、适用性设计、广适化设计、全球化设计、全方位设计。近年来，在多数中文文献中提及此设计理念基本都选用“通用设计”一词。[11]

1.1.2 可持续发展

可持续发展（Sustainable Development）是 20 世纪 80 年代提出的一个新

概念，在国际文件中最早出现于 1980 年由国际自然保护同盟（IUCN）制定的《世界自然保护大纲》（*The Word Conservation Strategy*）。其概念最初源于生态学，指的是对资源的一种管理战略，之后被广泛应用于经济学和社会学范畴。[12]

目前世界公认的对可持续发展概念的定义源于 1987 年 4 月世界环境与发展委员会的报告《我们共同的未来》（*Our Common Future*）："既能满足我们现今的需求，又不损害子孙后代能满足他们的需求的发展模式（development which satisfies the current needs of society without compromising the needs of future generations）。"[13] 可持续发展在代际公平和代内公平方面是一个综合的概念，不仅涉及当代的或一国的人口、资源、环境与发展的协调，还涉及同代的和国家或地区之间的人口、资源、环境与发展之间矛盾的冲突。[14]

1.1.3 人口老龄化

所谓"人口老龄化"，是指一个人口总体中的中老年人口所占比例不断增加，抑或青少年人口所占比例不断递减这样一种渐进过程和现象。[15]

划分"老年人"的年龄起点与"人口老龄化"的标志是人们判断人口年龄结构特点的重要参数。1956 年，联合国人口司给出的老年人的年龄起点是 65 岁，并以老年人占总人口的 7% 为老龄化的一个主要界标；1975 年美国人口咨询局则将老龄化界标提升至 10%；1982 年的"世界老龄问题大会"又把老年人的年龄起点下调为 60 岁，同时把老龄化界标定在 10%。[16] 目前判断一个地区是否进入老龄化社会的一般标准是：60 岁以上人口所占比重是否达到或超过总人口数的 10%，或者 65 岁以上人口是否达到或超过总人口数的 7%。[17] 这也是本书论述所依据的标准。

1.1.4 使用者（或使用人群）

Benkltzon1993 年提出"使用者金字塔"的观念，其中包括所有可能的使用者，见图 1.1。使用者金字塔的最底层部分包括正常人及能力轻微不足者，比如儿童和一般性活动能力减退的老年人；中间层部分包括因为疾病或年老造成的中度能力缺陷者，如行动必须依赖助行器或视力严重缺失者；使用者金字塔的最上层部分是重度能力缺陷者，如依靠轮椅行动的人，手或臂部肌力微弱、活动能力非常有限的人。[18]

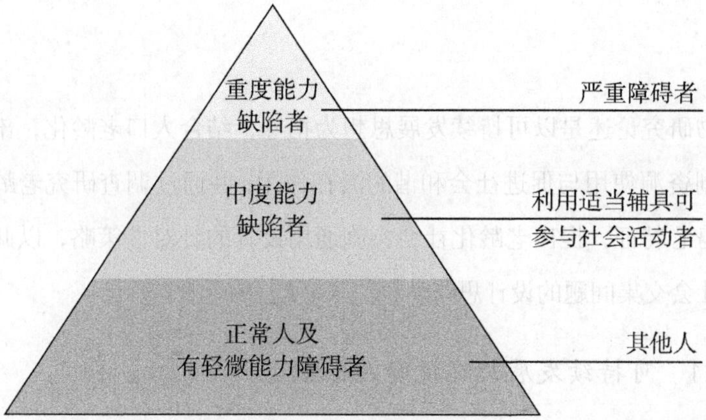

图 1.1 使用者金字塔

本书通用设计研究中涉及的包括老龄人群在内的使用者概念，主要针对金字塔底部和中部一部分人群，不包括重度能力障碍人群。

1.2 依托于社会背景下的设计责任

本书研究论述是以可持续发展思想为指导，结合人口老龄化，剖析通用设计规划资源使用与促进社会和谐的潜在作用；并通过调查研究老龄人群的需求和身心特征，提出老龄化社会实施通用设计的针对性策略，以此提供一种解决社会交集问题的设计思路。

1.2.1 可持续发展与环境资源保护

发展是人类永恒的主题。可持续发展的概念涉及人口、资源、环境和经济发展等各个方面，而环境资源保护则是其中的关键症结所在。人类对于自然资源无节制地开发利用，一方面由于人口的增加引发总体资源消耗扩大，加速资源系统性失衡，另一方面在于人均物资消费量的增加导致个体生存资源消耗增加。节约资源、保护环境成为人类可持续发展的基本保证，因此，环境标准就成为塑造消费行为和生活方式的重要因素，这也使引导消费和改造生活的设计研究更加关注资源的有效利用。

同时，随着市场全球化，环境资源保护已经渗透到国际贸易当中，企业的长远发展在一定程度上将取决于其环保行为，由此促使导入可持续发展观念和环境保护意识，并将其上升为指导企业整体经营战略的核心思想。另外，金融危机导致世界经济格局的变化，以及中国人口红利的逐渐消失和粗放型增长带动发展对生态破环境坏的负面反馈，使得调整产业结构、转变增长方式成为企业发展的必由之路。企业的长远发展必须依靠可持续发展的战略，企业在产品的设计开发中，资源的合理利用以及环境的保护已经成为经营和赢利的重要影响因素。如今，可持续发展的理念已经成为人类社会的共识，其真谛在于综合考虑政治、经济、社会、技术、文化、美学等方面，提出整合的解决办法。[19]

1.2.2 人口老龄化

马克思曾说：“任何人类历史的第一个前提无疑是有生命的个人的存在”。[20] 如果说自然环境是社会赖以存在与发展的基本条件，作为社会主体和基础的人口，则是社会存在和发展的首要前提。以人口与社会的可持续发展为目的、人口与经济的可持续发展为基础、人口与资源环境的可持续发展为前提，才能最终实现人口与社会、经济、环境的全面可持续发展。[21]

《2007 世界经济和社会概览》指出，随着人口死亡率的降低、生育率的下降和人的寿命的延长，世界人口的年龄分布正发生深刻变化，老龄化已成为一种普遍现象，世界上大多数国家的人口正在迅速步入老龄化阶段。[22] 目前，全世界有 60 多个国家进入了人口老龄化社会行列，60 岁以上老年人口总数已达 8 亿多。我国改革开放以来，由于经济发展，社会与医疗条件改善，人口政策的实施，加快了老龄化的进程。2010 年第六次全国人口普查数据（其中，65 岁及以上的人口为 11 893 万，占总人口的 8.91%）与 2000 年第五次全国人口普查相比，0~14 岁人口的比重下降了 7.46 个百分点，60 岁及以上人口的比重上升了 2.86 个百分点（其中，65 岁及以上人口比重上升了 1.82 个百分点）。根据《中国统计年鉴（2015）》的数据，截止到 2014 年年末，我国 65 岁及以上人口占全国总人口的比重达到 10.1%，从比较中可以看出，我国人口老龄化仍处于快速发展阶段，老年人居住和生活等养老问题需要更加关注。[23]

人口老龄化的形成，是社会经济发展影响人口发展过程的必然产物，同时反过来也将对社会经济发展产生深刻的影响。从可持续发展理论看，一定程度的人口老龄化不可避免，社会必须给老龄群体以相应的地位，协调好同其他人群之间的关系。同时，也应该重新考虑逐渐增大的老龄人群对环境资源的特殊性影响，以解决特殊人群的平等需求与可能由此导致的资源过度消耗这对矛盾。

1.2.3 企业创新与发展

当今企业面临的最大难题就是如何持续发展。企业持续发展的前提是必须出现指导其走出过去、决胜未来的战略方法。[24]中国自 2001 年 12 月 11 日正式加入世贸组织后的 15 年里，不少本土企业不堪激烈的竞争纷纷倒下，同时也有很多本土企业顺应环境变化，发展成为世界级的跨国公司，如华为、海尔、中兴等。随着信息时代和智能时代的来临，世界的扁平化和竞争的全球化更加明显，知识和技术传递越来越高效，国内企业需要转变以往简单粗放的“中国制造”的惯性思维，谋求“中国创造”的创新发展之路。而对于如何掌握消费者多元、多变的消费需求，更是企业产品是否具有市场竞争力的关键。同时，企业对于老龄化社会人口结构改变所带来的新市场、新契机更加关注，许多关怀社会的产品设计概念纷纷出现，在欧美及日本等发达国家，通用设计理念运用在企业产品策略上也有不错的成效。[25]

然而，一种产品开发设计理念的运用，势必对整个产品开发体系的运作方式带来重大的改变与影响，而就通用设计来说，在人群定位、产品领域、设计考虑问题的角度等方面，都与传统设计具有很大差异。因此企业导入通用设计理念，必须围绕特定的社会背景与产品领域进行研究，明确和深化通用设计现实实施的可行性，使其能够切实指导企业的产品开发实践。

1.2.4 设计的社会责任

设计作为“针对一定目标的求解和决策过程”[26]，其理念和方法与特定时代的技术、经济和文化状况密切相关，其变革演化一直存在于现代设计的形式和发展过程中。从 18 世纪工业革命开始，伴随生产和销售，设计被作为扩大消费和市场、为企业赢得利润的工具，加剧了环境资源的无节制使用和浪费。

美国著名设计理论家巴巴内克在 1983 年出版的《为了人类的设计》一书中指出：“大多数的设计是为先进国家富裕的中产阶级的中年人而实施，设计师们无视残疾人、贫困者、弱智者、幼儿、老年人和发展中国家的人们的存在……”。[27]正如2007、2008连续两年在美国举办的“为其他的百分之九十设计”主题展强调的：减少为占世界人口10%的人提供的高端设计，关注为满足其他90%的人生活需求的设计，这也是设计的一种理性回归。[28]

一方面，设计是类似于艺术的创造性活动；另一方面，它又是一种具有逻辑性思考的理性活动。[29]老龄化社会的年龄结构变化广泛而深刻地影响着社会生活的各个方面，由此带来的社会稳定、资源利用以及伦理等问题，都为现代设计提出了新的责任与目标。因此要重新审视产品设计的人群定位，从更为包容和长远发展的角度进行设计思考，利用设计来规划社会未来存在方式和资源利用结构，促进人类可持续发展。

1.3 通用设计研究的时代价值

重新审视与研究通用设计，对于探索老龄化社会可持续发展的设计理念、合理规划资源消耗、促进社会和谐等多个方面都具有积极的理论和现实意义。

1.3.1 理论价值

关注多方面社会问题的综合解决，以原有设计理论的再剖析和社会针对性探讨，为设计应对人口老龄化和资源利用问题提供指导思路，具体概括为以下几个方面。

（1）探讨通用设计理论演化趋势，并将之与相关设计理念进行比较，梳理论证其符合可持续发展思想的内容特征。

（2）通过调查研究，获得老龄化社会中老龄人群的需求特征，为老龄化社会产品设计研究与实践活动提供参考依据。

（3）提出共用品在老龄化社会中的可实施范畴，在理论上进一步明确作为通用设计研究的对象基础。

（4）剖析通用设计蕴涵的“物尽其用”思想，提出老龄社会中的实施通用设计的具体策略，丰富通用设计理论指导体系。

1.3.2 现实价值

通用设计社会作用与针对性对策研究，对社会观念的引导和对企业设计生产活动的具体指导具有现实意义，体现在以下几个方面。

（1）“物尽其用”设计思想的提出和研究，本身就是一种对通用设计理念社会性推广的倡导，有助于在更广泛的社会人群层面形成对于通用设计的关注和再认识，促进价值观念的转化和树立资源保护的社会责任意识。

（2）共用品相应范畴界定，使通用设计推广与“物尽其用”更加具备现实性和可行性，有利于通用设计跨越单纯的理论研究和概念设计而趋向实践领域，有助于真正形成规模化的通用设计规划资源有效利用，促进环境的可持续发展。

（3）研究成果可以为企业应对老龄化社会制定持续发展战略提供参考，使其更好地扩大市场和塑造品牌、服务社会。

1.4 通用设计现实发展与演进趋势

1.4.1 通用设计起源

通用设计作为一种设计思潮的演进始于20世纪50年代的美国，随着二战结束后残疾人口的骤增和人类寿命的延长导致的老年人口的增加，弱势群体的权益和生存状态越来越得到社会的重视。当时人们从公民权运动出发，注重改善肢体障碍者的生活环境，提出了“无障碍设计”议题。70年代后，逐渐将以往对身体障碍人群的特殊化对待转化为纳入一般且固定的整体社会服务内容之一并通过各种立法加以保障。“亲近性设计”（Accessible Design）一词开始被用来代表这一趋势，而这个概念是针对行动不便的人士在日常生活环境上的改善，并不着重在产品设计上。1977年，美国建筑师麦可·贝奈（Michael Bednar）认为有必要建立一个超越“亲近性设计”且范围更为广泛、全面的新观念。也就是说，“亲近性设计”一词无法完整说明当时探讨的理念内涵。

1974年，美国北卡罗来纳州大学朗·麦斯（Ron Mace）教授在国际残障者生活环境专家会议上首先提出通用设计概念，在1987年后开始大量地使用“通用设计”一词，并设法定义它与“亲近性设计”的关系。他表示，“通用设计”不是一项新的学科或风格，或是有何独到之处。它需要的只是对需求及市场的认知，以及以清楚易懂的方法，让设计及生产的每件物品都能在最大程度上被每个人使用。[30]

通用设计概念从最初注重改善肢体障碍者的生活环境的“无障碍设计”议题，进而探讨更广泛的环境设计内容的“亲近性设计”，一直扩大到为更广大的使用者设计产品的适用性及适用范围，慢慢演变至今日各国所提倡的“通用设计”。

1.4.2 通用设计理论

通用设计理论研究主要集中在欧美、日本等发达国家，体现在通用设计指导原则探讨与评价体系建设上。比较有代表性的如 3-B 法则、5-A 法则、通用设计 7 原则等。

3-B 法则是朗·麦斯提出的早期对于通用设计的要求，即更好的设计（Better Design）、更美观的设计（More Beautiful）、更高的商业价值（Good Business）。[31]

5-A 法则是由美国堪萨斯州立大学人文生态学院的服装、织品以及室内设计系提出的，见表 1.1。[32]

表 1.1 通用设计 5-A 原则

序 号	原 则	内容与要求
原则一	可亲近性（Accessible）	产品与空间提供给使用者更容易接近的使用界面和设计
原则二	可调整性（Adjustable）	依不同使用者或使用状况提供其最适合的操作方式
原则三	可适应性（Adaptable）	强调设计的适应性，让更多人群方便使用
原则四	有吸引力（Attractive）	具有吸引力并能提升使用者使用中的身心满足感
原则五	可以负担（Affordable）	价格合理，使用者负担得起，从而减少经济与心理压力

通用设计 7 原则是美国北卡罗来纳州大学通用设计中心（The Center for Universal Design）1998 年组织各领域专家研究提出的，包括环境、产品和沟通各个层面，见表 1.2。[33]

表 1.2 通用设计 7 原则

序 号	原 则	内容与要求
原则一	公平地使用（Equitable Use）	对具有不同能力的人，产品的设计应该是可以让所有人都公平使用的
原则二	可以灵活地使用（Flexibility in Use）	设计要迎合广泛的个人喜好和能力

续表

序 号	原 则	内容与要求
原则三	简单而直觉性使用（Simple and Intuitive Use）	使用方法是容易明白的，而不会受使用者的经验、知识、语言能力及当前的集中程度所影响
原则四	能感觉到的信息（Perceptible Information）	无论四周的情况或使用者是否有感官上的缺陷，都应该把必要的信息传递给使用者
原则五	容错能力（Tolerance for Error）	设计应该可以让误操作或意外动作所造成的反面结果或危险的影响减到最少
原则六	降低身体负担（Low Physical Effort）	设计应该尽可能让使用者有效地和舒适地使用，而丝毫不费他们的气力
原则七	能接近及使用的足够空间和尺寸（Size and Space for Approach and Use）	提供适当的大小和空间，让使用者接近、够到、操作，并且不被其身型、姿势或行动障碍的影响

日本财团法人共用品促进机构提出的产品共用设计五项原则，见表1.3。

表 1.3 共用设计 5 原则

序 号	原 则
1	对应多样化的身体及不同的知觉特性
2	可用视觉、听觉、触觉等不同方式操作或使用
3	凭直觉就能了解，降低心理负担，便利操作与使用
4	弱小的力量就可操作，便于移动接近，低生理负担，使用方便
5	考虑材料、构造、机能、顺序、环境等，皆能安全地使用

以上通用设计理论原则的阐述虽有所不同，但核心目标都是给设计师以引导，让他们在思考通用设计产品时，有更清晰的遵循方向。本研究以应用最广泛的 7 原则为指导来探讨老龄社会中通用设计策略制定。

1.4.3 国内外研究发展现状

在已有理论基础上，国际一些重要的设计组织和机构致力于通用设计研究，如国际设计组织（WDO，原国际工业设计协会 ICSID）通过设计活动来推广人权平等、环境保护和可持续发展等人类重要议题。日本工业设计协会（JIDA）通过研究认为，通用设计和生态设计是未来的努力方向。世界环保组织则探讨可持续发展层面通用设计理念带来的积极影响。

如 1990 年美国通过的《通用设计教育计划案》，用来辅助未来各领域设计师的培养教育；1998 年，纽约国立设计美术馆展出最早以通用设计为主题的“无限制设计展览”，推动通用设计理念的展开。可口可乐公司于 2006 年开始全面导入通用设计，使容器包装适合各类人群的认读、开启，并在减轻重量以降低使用者负担的同时达到环保的目的。

英国政府于 1995 年开始规划并在 2004 年落实“生理残障”相关法案。英国设计协会（Design Concil）将通用设计作为基础内容列为“设计技术”项目之一。另外，英国的视障研究机构（Royal National Institute of the Blind）、消费者事务国家研究机构（Research Institute for Consumer Affairs）和剑桥工程设计中心、海伦·汉姆林中心（Helen Hamlyn Centre）等，也共同进行通用设计研究，辅助企业导入通用设计理念，调查民众态度与评价，希望引起消费大众与企业的注意。

日本的通用设计研究起步较早，一方面表现在政府对无障碍法规体系和实施的细致完善方面，另一方面反映在众多企业对于通用设计理念的研究应用与成功经验上。1991 年成立的“E & C Project”1999 年更名为“共用品推进机构”。1995 年通用设计协会、1999 年通用设计论坛陆续成立。日本的“优良产品设计奖”于 1997 年增设了通用设计奖，鼓励企业朝此方向努力。日本的 Tripod design 株式会社长期进行通用设计推广和研究探索，提出的 PPP（Product，Performance，Program）通用设计评价系统，在原有通用设计 7 原则基础上进行了重新描述，拉近了与现实人群使用接受的距离，使得通用设计理论和应用性进一步发展，见表 1.4。[34]

表 1.4　通用设计 10 原则框架

序　号	原　　则	评价指针	
原则一	任何人都能公平使用	1	平等的使用
		2	排除差别感
		3	提供选择
		4	消除不安
原则二	容许以各种各样的方法使用	5	使用方法的自由
		6	接纳左右手使用者
		7	紧急状况下的正确使用
		8	环境变化下的使用性
原则三	使用方法简单且容易理解	9	不过于复杂
		10	凭直觉可以使用
		11	使用方法简单容易理解
		12	操作提示与反馈
		13	构造容易理解
原则四	可通过多种感觉器官理解	14	提供数种资讯传达手段
		15	经过整理归类的操作资讯
原则五	即使以错误的方法使用也不会引起事故并能恢复原状	16	对于防止危险的考虑
		17	预防意外
		18	即使使用方法错误也能确保安全
		19	即使失败也能恢复原状
原则六	尽量减轻使用时的身体负担	20	可以自然的姿势使用
		21	排除无意义的动作
		22	身体的负荷减小
		23	长时间使用也不疲倦
原则七	确保容易使用的大小及空间	24	保证容易使用的空间及大小
		25	适应各种体格的使用者
		26	护理者可一起使用
		27	容易搬运且方便收纳

续表

序 号	原 则	评价指针	
附则一	可长久使用，具有经济性	28	考虑使用耐久性
		29	适当的价格
		30	持续使用时的经济性
		31	容易保养维修
附则二	品质优良且美观	32	使用舒适美观
		33	令人满意的品质
		34	灵活使用材质
附则三	对人体与环境无害	35	对人体无害
		36	对自然环境无害
		37	促进再生和再利用

日本企业 NEC 将通用设计导入并提出了在企业中推广通用设计的指导方法，见表 1.5。[35]

表 1.5 企业推广通用设计方法

序 号	环 节	内 容
1	建立程序（Procedures）	建立成功案例的设计程序、设计方法，并设立检核系统
2	付诸行动（Action）	提倡以“由上而下”的研发设计，提出有效的设计方案，同时对公司外的人员宣传
3	成立组织（Structure）	成立广泛的协商组织，并建立提升通用设计的专责部门
4	提升体认（Awareness raising）	编成制造程序手册，加强员工的教育训练，推广通用设计的概念至其他公司或组织

此外，发达国家已经将通用设计宣传教育渗透到小学到大学各个层面，从小培养国民的全面思考、拥有关爱的素质，在长久意义上发挥其影响社会的积极作用。

概括而言，国际上通用设计研究发展主要体现为三个方面：一是理论内容得到丰富和深入，评价体系更加完善和接近现实；二是源于科技进步和人类需求提升，通用设计的研究实施领域有所突破，开始向个人产品，甚至数字信息产品渗透，使通用设计从理念研究向具体实施策略深入；三是通用设计研究已经拓展到企业实践和社会认知层面，在通用设计的企业战略规划、管理实施和社会宣传等方面全方位展开。

中国已经进入老龄化社会，但相应的设计研究还处于起步阶段，仍停留在探讨专属产品和侧重无障碍设计的层面，通用设计研究与国外差距很大，尚没有形成政府、科研、企业多方面的投入和足够重视，更缺乏通用设计针对性的系统性研究。

比较而言，国外和我国台湾地区的相关通用设计研究更为超前和深入。台湾南华大学林振阳教授在《高龄族群对产品通用设计使用评价分析之研究》中，通过对老龄人群性别、年龄、居住成员、教育程度及居住区域等背景对使用不同属性家电产品操作熟悉度差异的比较，总结出相应家电产品通用设计准则。[36]《高龄使用者产品设计之探讨》从研究老龄社会中的产品需求、通用设计理念与标准以及老龄人群的身心机能，探讨老龄化社会趋势下的产品设计方法与原则，重点在于提出老龄化产品设计的要点，作为产品设计实务与研究之参考。[37]《从无障碍设计到通用设计——美日两国无障碍环境理念变迁与发展过程》从比较美国和日本两国无障碍设计理论、法规、社会观念认知和实施方法等方面入手，剖析无障碍设计理念随着社会形式变革与人类实践经验发生的本质变化，从而探讨台湾本土推广通用设计的意义和策略模式。[38]《现代产品概念的通用设计建构》更多的是在剖析现代产品价值取向上，结合通用设计理论原则研究，探讨老龄社会背景下关注满足弱势群体情感价值需求的通用设计体系，比较侧重的依旧是一种单纯解决社会关爱问题。[39]《从关怀设计到通用设计》探讨了随着社会发展，以人为本思想在设计关怀中的发展演变，提出了老龄化社会发展中倡导实施通用设计的必要性和具体特征。[40]

1.4.4 希望解决的问题

如上所述，国际上通用设计研究与应用已经取得了一些进展和成果。多种完善的通用设计理论体系以及一些企业机构在通用设计实践中取得的显著突破，更是在世界范围内推动了通用设计的发展。与国际设计领域前沿研究相比，国内通用设计在解决问题的综合性上还存在差距，缺少将人因工程学、通用设计理论、老年医学及心理学等相关知识以及社会学综合起来进行系统研究。

总体而言，无论国内还是国外，关于通用设计的研究不足之处主要表现为理论研究偏多，对通用设计发展性的定位研究和未来社会作用较少系统性梳理和认识涉及，缺少企业层面实施宣传的推广研究和具体范畴、策略探讨。而面对老龄化社会，更加缺少将通用设计推广与具体社会背景以及其所带来的问题结合起来进行的研究。本课题的定位正是基于这种情况，尝试解决以下几方面问题：

（1）剖析通用设计中的“物尽其用”思想与影响，将通用设计关爱弱势人群的概念推广到整个社会可持续发展层面，发挥其对资源利用规划的作用。

（2）顺应时代要求，将“物尽其用”扩展至“物尽其美”，丰富提升通用设计理念在现时代的生命力。

（3）调查研究老龄社会中的产品使用问题，分析归纳针对老龄人群需求特征的通用设计解决范畴。

（4）促进对通用设计的社会性宣传与推广，使企业明确导入通用设计对其长远发展的战略意义和社会责任。

（5）结合老龄人群的生活方式和生理心理特点，在现有通用设计理论基础上，研究提出针对老龄化社会实施通用设计的策略，同时也尝试以实践形式提出一般设计活动中的通用设计体现与思考。

1.5 几方面亟待关注的内容

1.5.1 老龄化社会的可持续发展与设计引导

可持续发展的主要问题包括：环境污染、资源匮乏、人口剧增和老龄化。要求将老龄化和资源匮乏问题综合起来，以可持续发展理论观点加以研究，探讨老龄化社会的可持续发展问题，明确设计活动在其中的作用。

将可持续发展思想纳入设计领域，促成了通用设计理念的根本性变革。这一理念变革要求在设计初始阶段就能够预测其对社会与环境的影响，避免资源浪费和对社会人群的忽视与伤害，最终实现人口、资源和环境的相互协调和促进。

1.5.2 通用设计“物尽其用”思想与可持续发展效用

老龄化社会中推广通用设计理念，初始观念是对设计定位重新思考，使产品或环境最大限度地满足广泛人群的需求，从而在社会公平与人群差异之间建立一种平衡的设计解决模式。但随着可持续思想和环境保护观念在社会各层面的影响作用增强，尤其是对于现代设计理念的战略性引导，通用设计倡导“一般产品”能够为更多人使用，从另外一个角度减少了专用产品的产出，降低了设计的重复性、无节制，使其在协调生产者与消费者之间利益均衡的同时，起到了“物尽其用”的功效。

“物尽其用”是社会与其中个体共同追求的目标，关系着社会的资源持续与个体的经济利益。“物尽其用”的实现，主观上可以通过个体习惯和社会风气倡导推动，客观上更需设计引导来促成。通用设计使“设计物”能够为更多人用、更好使用、更长久使用，体现了资源在造物消耗中的最大价值化，符合环境资源有效利用的最终目标。

1.5.3 老龄人群需求特征与共用品范畴

通用设计强调“物尽其用”，更多的是在特定社会背景和发展趋势下，探讨一种合理使用资源、促进环境保护的设计指导思想；落实到老龄化社会现实中，是在社会人群（年龄）结构明显变化后，如何界定可以包容老龄人群并为更多人群共同接受使用的产品范畴。将老龄人群的正常需求纳入设计考虑范畴，深入研究老龄人群的产品需求、使用中的生理心理特点，可以有效促进通用设计的现实推广。

结合国际社会养老模式发展轨迹，分析我国老龄人群的养老模式，研究其中有利于推广通用设计的社会基础，围绕消费主体人群变化的矛盾、老龄人群家庭结构与其生活方式、产品使用中行为特征变化等方面，探讨适宜导入通用设计的共用品分类。

1.5.4 关注人口老龄化的通用设计对策

从社会层面看，通用设计是求得一种通用的限度，使设计对象能最大限度地普遍满足每个人的使用需求，达到确保人人公平使用的目标。通用设计主张从设计初期就考虑到产品的功能寿命和使用人群的延展性，即产品在特定时候（如功能寿命结束或使用人群特征转换）可以通过自身形式调节重新达到符合性，最大限度发挥产品自身的资源消耗价值。

依托老龄化社会背景研究通用设计，更多的是以已有通用设计研究成果为基础，通过分析老龄人群生活方式、生理心理，梳理其中影响设计的变化特征，结合实际调查研究，立足于资源有效利用，探讨提出针对老龄化社会推广通用设计的策略（见图 1.2）。

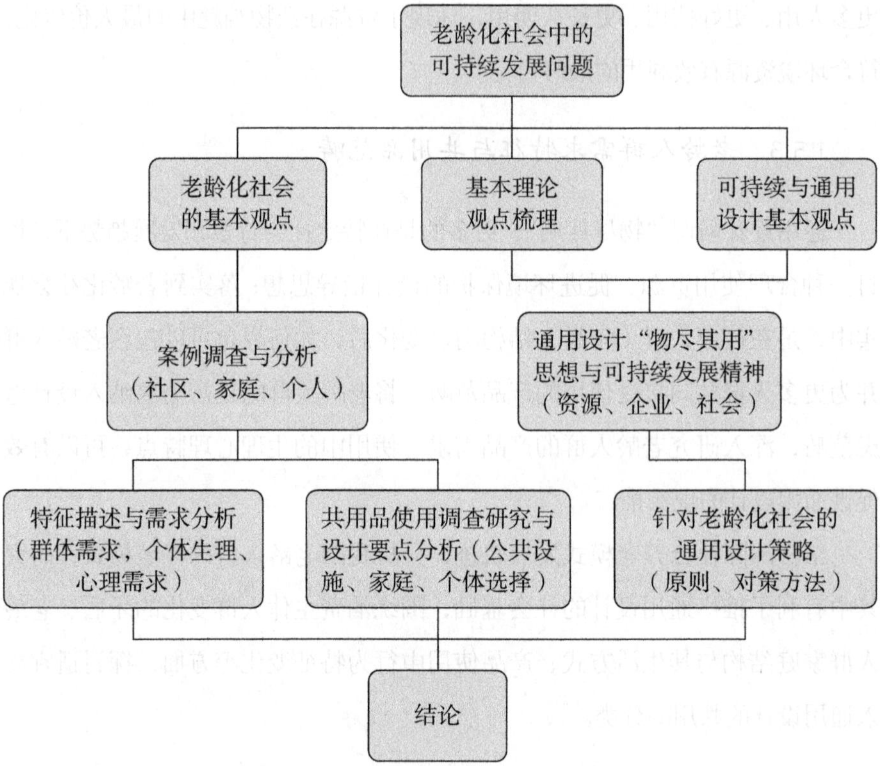

图 1.2　老龄化社会背景下的通用设计

2 CHAPTER 老龄化社会的可持续发展

2.1 可持续发展理论与原则

随着经济的发展，人类社会对环境的冲击和影响力大大增强，全球范围的环境污染和破坏日益严重。仅靠科技手段，用工业文明方式作为定式去修补环境已经不能从根本上解决环境问题，人类开始从各个层面上去研究调控社会行为以及支配人类社会行为的思想和观念。可持续发展作为一种新发展观日益引起国际社会的关注。

2.1.1 可持续发展理论

可持续发展思想的提出可以追溯到20世纪50年代。1962年，美国女生物学家莱切尔·卡逊（Rachel Carson）发表的环境科普著作《寂静的春天》，在世界范围内引发了人类关于发展观念的争论。[41] 10年后，两位美国学者巴巴拉·沃德（Barbara Ward）和雷内·杜博斯（Rene Dubos）撰写的《只有一个地球》把对人类生存与环境的认识推向一个新境界。同年，罗马俱乐部发表的《增长的极限》研究报告，明确提出“持续增长”和“合理的持久的均衡发展”概念。1987年，以挪威首相布伦特兰为主席的联合国世界与环境发展委员会发表了一份报告《我们共同的未来》，正式提出可持续发展概念，并以此为主题对人类共同关心的环境与发展问题进行了全面论述，标志着可持续发展理论的产生。[42]

可持续发展的定义包含两个关键组成部分：“需要”和对需要的“限制”。满足需要，首先是要满足基本需要；对需要的限制主要是指对影响自然界支持当代和未来人生存能力构成危害的限制。[43]在具体内容方面，可持续发展虽然起源于环境保护问题，但作为一个指导人类走向未来的发展理论，它已经超越了单纯的环境保护，涉及可持续经济、可持续生态和可持续社会三方面的协调统一，要求人类在发展中讲究经济效率、关注生态和谐和追求社会公平，最终达到人类的全面发展。[44]

在经济方面，可持续发展鼓励经济增长，不仅重视经济增长的数量，更追求经济发展的质量，实施清洁生产和文明消费，以提高经济活动效益、节约资源和减少废物。可持续发展承认用以满足人类精神文化和道德需求的那部分环境资源的价值，并将财富的意义从金钱和资源的物质层面扩大到了精神层面，经济增长的计算公式中也给予了生态重要的地位。

在生态方面，可持续发展要求经济建设和社会发展要与自然承载能力相协调。发展的同时必须保护和改善地球生态环境，保证以可持续的方式使用自然资源和环境成本，使人类发展控制在地球承载能力之内，从发展的源头上解决环境问题。

在社会方面，可持续发展强调社会公平是环境保护得以实现的机制和目标。发展的本质应包括改善人类生活质量，提高人类健康水平，创造一个保障人人平等、自由、民主、和谐的社会环境。

可持续发展理论是一种带有未雨绸缪和悲悯感情的智慧思想。市场经济这只“看不见的手”的调节作用不可小视，资本和人才会自发地流向有市场空缺的领域，但前提是有利可图。当企业短期利益不能在有长远意义的方面体现，而国家政策又不能起到很好的引导时，市场自动试错和磨合再回归正确的发展方向使社会和个人所付出的代价都是巨大的。中国将西方走了100多年的现代化变革压缩到短短几十年，社会、经济、生态各所承受的阵痛也是数倍的。

2.1.2 可持续发展原则

可持续发展是一种新的人类生存方式。这种生存方式不但要求体现在以资源利用和环境保护为主的环境生活领域，更要求体现到作为发展源头的经济生活和社会生活中。在人类可持续发展系统中，经济可持续是基础，生态可持续是条件，社会可持续才是目的。贯彻可持续发展战略必须遵从一些基本原则。[45]

公平性原则（Fairness）。可持续发展强调发展应该追求两方面的公平：一是本代人的公平，即满足全体人群的基本需求和给全体人群机会以满足其要求较好生活的愿望；二是代际的公平，也就是要认识到人类赖以生存的自然资源是有限的，本代人不能因为自己的发展与需求而损害世世代代满足需求的自然资源与环境。

持续性原则（Sustainability）。人类的经济建设和社会发展不能超越自然资源与生态环境的承载能力，即要顾及人与自然之间的公平。可持续发展是在保护地球自然系统基础上的发展，必须有一定的限制因素。人类需要根据持续性原则调整自己的生活方式，确定消耗标准，而不是过度地生产和消费。

共同性原则（Common）。鉴于世界各国历史、文化和发展水平的差异，可持续发展的具体目标、政策和实施步骤不可能是唯一的。但是，可持续发展作为全球发展的总目标，所体现的公平性原则和持续性原则，是应该共同遵从的。

可持续发展，使人们应遵循一种全新的伦理、道德和价值观念，对待现存与即将来临的社会问题有更加深入的认识和广泛的解决思路。面对社会的日渐老龄化更应如此，将资源保护与社会和谐兼顾并重，使人口、资源和环境相互协调，促使人与人、人与自然之间的互惠和谐、共同发展。

2.2 老龄化社会现象与基本特征

2.2.1 老龄化社会现象

随着科技与经济发展，社会福利保障能力增强，生育率持续下降，医疗条件大为改善，死亡率锐减，人口寿命延长，导致人口年龄结构逐步老化。

1965 年法国 65 岁以上老年人口达到总人口的 7%，标志着世界第一个老年型国家形成。[46] 进入 21 世纪，老龄化成为世界人口发展的重要趋势之一，全世界老年人的比例在 1950 年是 8%，2000 年是 10%，预测在 2050 年将达到 21%，见图 2.1。[47] 这种年龄结构的变化正在广泛而深刻地影响着人类社会生活的各个方面。

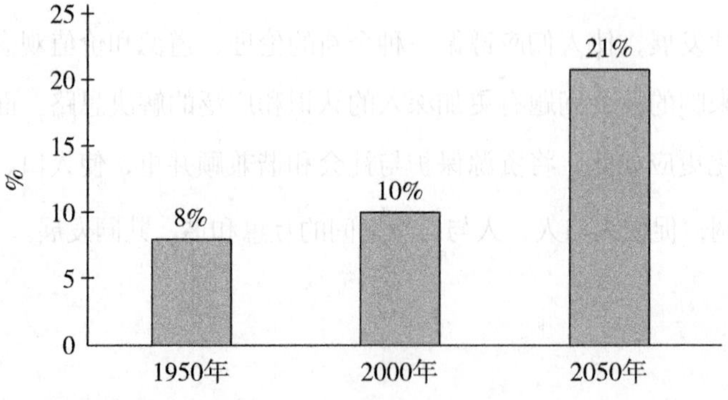

图 2.1　1950 年至 2050 年全世界 60 岁以上的人口比例变化

根据联合国 2015 年全球人口发展报告，目前全世界 60 岁以上的老年人已达 9.01 亿，60 岁以上老年人比例为 12%，到 2030 年 60 岁以上老年人将达到 14 亿，到 2050 年将达到 21 亿。欧洲 60 岁以上老年人口比例为 24%，到 2030 年这一比例将达到 34%。全世界 190 多个国家和地区中，约有 70 个已进入老龄化社会，世界主要发达国家均已进入老龄化社会。

中国于1999年进入老龄化社会，是较早进入老龄化社会的发展中国家之一。2000年我国60岁以上的老年人已达到1.28亿，占同年总人口的9.8%左右，2005年达到1.45亿，占同年总人口的11%，而且每年还在以3.3%的速度增加。2010年第六次全国人口普查结果显示，全国人口中60岁以上的人口为1.78亿人，占总人口的13.31%。根据《中国统计年鉴（2015）》，截至2014年年底，我国60岁以上老年人口已经达到2.12亿，占总人口的15.5%。2050年是中国人口老龄化的高峰，老年人口将达到4亿以上，届时每3人中就会有一个老年人，人口老龄化所带来的各种社会问题和经济问题将更加突出。

2.2.2 人口老龄化社会特征

一般来讲，人口老龄化进程总是与经济发展水平基本保持一致。但由于中国人口老龄化并不是纯粹的自然发展过程（如人为控制自然出生率导致人口结构发生变化），从而使老龄化进程超前于社会经济的发展。

2006年2月23日，中国老龄工作委员会发布《中国人口老龄化发展趋势预测研究报告》指出，“21世纪的中国将是一个不可逆转的老龄社会”，前20年将成为“快速老龄化”阶段，随后的30年为“加速老龄化”阶段，其后的50年则达到“稳定的重度老龄化”阶段，见表2.1。[48] 2051年，中国老年人口将达到4.37亿，他们将不得不自己照顾自己的生活，负担更多的社会责任。

表2.1 中国人口老龄化三阶段与老龄人口比例预测

阶段划分	年份	老龄化现状	人口比例
第一阶段	2001—2020	快速老龄化阶段	老龄人口年均增长速度达到3.28%，到2020年达到2.48亿，占17.17%
第二阶段	2021—2050	加速老龄化阶段	老龄人口加速增长，年增加620万人。到2023年，将达到到2.7亿，2050年将超过4亿，老龄化水平推进到30%以上
第三阶段	2051—2100	稳定重度老龄化阶段	2051年，老年人口将达到峰值4.37亿，老龄化水平基本稳定在31%左右，80岁及以上老人占老年总人口比重将保持在25%~30%，进入高度老龄化阶段

研究报告显示，中国社会正处于老龄化的快速进程中，并逐渐形成了自身独特的现象。

老龄人口绝对值大，具有全球性影响。由于人口基数大和发展速度快，到目前中国已经成为全世界老年人口最多的国家。有人预测，到2040年中国老年人总数将超过法国、德国、意大利、日本和英国目前的人口总和。[49]这样大的老龄人口数量，对资源、经济的全球性影响都具有举足轻重的作用。

老龄化速度快，社会应对措施难以适应。老龄化社会的形成，一般是由于低龄人口增长减慢或老年人口增长加速所导致的，人口学称之为底部老龄化和顶部老龄化。我国由于计划生育政策和人口预期寿命延长，底部老龄化与顶部老龄化同时显现，使得社会老龄化速度加快。这种快速的社会人口老龄化使很多问题突显出来，如大量增加的老龄人群参与社会活动、生活质量改善以及能力差异人群之间的和谐共处等，都已经开始成为单靠社会福利措施难以应对的问题。

人口未富先老，对经济与资源压力更大。发达国家人口老龄化伴随着城市化和工业化，呈渐进的步伐，是先富后老，社会观念和负担能力方面具有一定的适应性。我国由于人口老龄化的快速性，与经济发展不协调，使得老龄人群总体上呈现一种未富先老状态。无论从个体还是从国家角度而言，经济与资源的压力都很大。

区域发展不平衡。由于经济发展水平、交通条件和地理环境的影响，中部和东部地区的老龄化程度比西部地区要高。“北上广深”等一线城市，却不是老龄化程度最高的地区。主要原因是一线城市较好的就业环境吸引了大量的年轻外来人口，在一定程度上稀释了这些一线城市的老龄化水平。

我国人口老龄化的另一个显著特点是城乡老龄化倒置，由于年轻人口的外流，乡村表现出比城市更为严重的人口老龄化。由于我国仍然是发展中国家，经济发展水平并不高，另外，伴随着城镇化进程的加快、城乡之间经济发展水平的差异、农业机械化程度的提高和国家对教育的高度重视，农村大量剩余劳动力到城市中寻求就业机会。一方面农村的劳动力人口转移到城市，减缓了城市的老龄化；另一方面，也造成了农村老年人口的比例相对城镇增加，使其老龄化程度更严重。而那些被子女接到城市中养老的来自农村的老人同样感受到了生活环境改变带来的诸多不适，这些都是值得重视的问题。

高龄化趋势明显，养老模式多元化。人口学认定，60~69 岁为低龄老年人，70~79 岁为中龄老年人，80 岁以上为高龄老年人。[50] 2010 年全国第六次人口普查结果显示，我国高龄老年人口以每年 6.4% 的速度增长，高龄老年人的人数占全国人口总数的 1.58%。这种老龄化社会现象也促使对养老模式做更加多元化的考虑和社会保障的深入完善。

2.3 老龄社会可持续发展中的主要问题

2.3.1 社会和谐

老龄化社会的形成，使老龄人群的社会比重以及与其他年龄人群的比例关系都发生了明显变化，在社会活动、家庭生活等方面都引发了很多和谐方面的问题，见图 2.2。

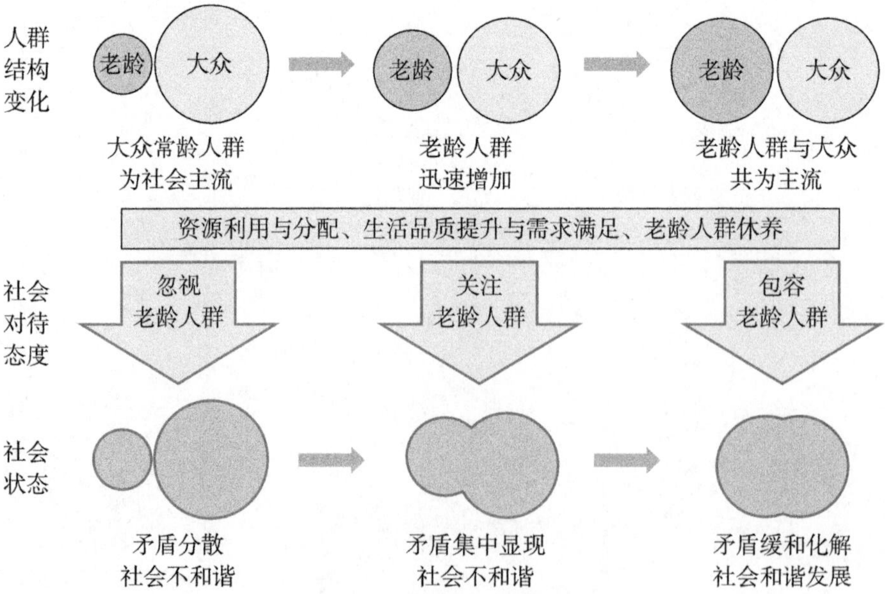

图 2.2 老龄化社会持续发展中的和谐问题

社会老龄人群比重的加大，使其对社会资源的需求矛盾日益明显。由于年龄造成的生理、心理差异，老龄人群与其他人群对有限资源的需求需要重新配置，在平等意识影响下，社会资源主要提供给常龄人群的观念已经不能适应老龄化社会发展的现实，具体体现在社会活动与家庭生活中，形成了老龄人群对环境、产品使用的要求满足与现实社会提供不匹配。

老龄人群参加社会活动、改善生活质量的需求为社会提出了新的满足要求。由于老龄人群群体数量的增加，社会对这一人群的各种需求，尤其是基本的参与社会活动、家庭生活的要求已不容忽视，社会环境与企业生产必须做出有效的针对性反应，将提升生活品质的各种考虑扩展到更加广泛的老龄人群，而不是目前只局限在紧跟时代进步的常龄人群。

养老模式的探讨不再仅仅是休养问题，需要各相关领域配合进行。由于快速老龄化与老龄社会化，社会对于养老的独立承受能力不足，完善多元化的养老模式需要各个相关领域的探索配合，以家庭、社区、社会各个层面的硬件与软件建设的完善，保障老龄人群的休养，促进社会整体服务体系提升。

2.3.2 资源保护与有效利用

可持续发展的目标是社会和谐发展，但这必须以环境资源的持续支持为基础。由于老龄人群的特殊性，在老龄化社会形成初期阶段，社会通常是从一种关爱角度去解决老龄人群生活与社会活动问题。但随着老龄人群群体数量的日益庞大和全社会对于可持续发展观念的理解认识，这种特殊针对老龄人群的关爱型对策，在长远意义上形成了对环境资源的特殊浪费和不必要消耗，这使得资源的保护与有效利用也逐渐成为老龄化社会可持续发展的主要问题之一，见图 2.3。

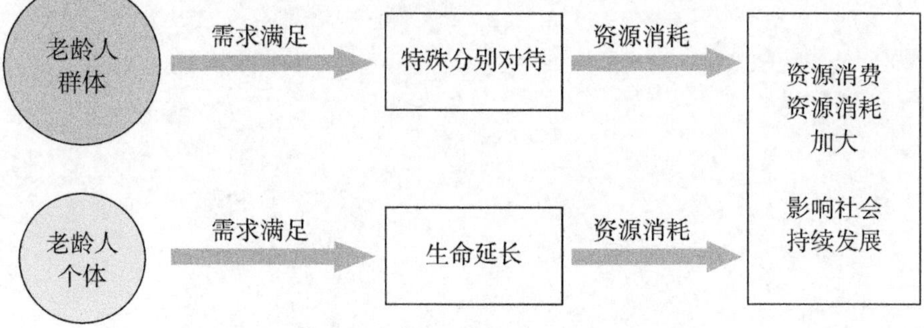

图 2.3 老龄化社会持续发展中的资源问题

从社会范围角度看，老龄人群的增加以及各年龄人群比例结构的变化，使原来的资源分配形式不再适用，如何将老龄人群纳入社会整体中，在不同能力差异的人群之间进行需求共性探索，并关注老龄人群的特殊性，在社会层面更加优化资源的合理使用。这已经成为老龄化社会资源持续发展的关键问题。

从个体成长角度看，老龄人群的整体寿命延长，个体生命周期中对于资源的消耗增加，使得同样人口数量下环境资源对社会的负担加重。解决老龄人生命周期延长与资源消耗降低之间的矛盾，从个体生命周期中提高资源利用效率，对缓解老龄社会资源可持续发展问题也将产生重大影响。

2.4 问题回顾

①可持续发展的基本观点有哪些？

②人口老龄化社会可持续发展中存在的主要问题是什么？

③如何看待资源保护与有效利用？

3 CHAPTER

老龄化社会可持续发展的设计解决

老龄化社会可持续发展中存在的问题，使作为生活保障的企业生产与社会服务能否顺应时代需求，显得非常重要，而这些又是要在先行设计环节中给以规划考虑的。因此，老龄化社会的可持续发展可以通过设计研究与变革，提出应对措施。

3.1 老龄化社会可持续发展的设计对策

3.1.1 消费主体人群变化与设计定位的矛盾性

人口老龄化现象前所未有，60 岁以上老年人所占比例的增加伴随着年轻人（15 岁以下）所占比例的减少。到 2050 年，世界上老年人的数量将超过年轻人的数量。[51]针对这一不可逆转的社会发展现实，联合国曾两次召开老龄化问题世界大会，提出了“建立不分年龄人人共享的社会”的口号，以期增强人们对人口老龄化问题的重视，推动社会可持续发展。

伴随可持续发展等问题的提出，企业面对的市场也在发生着前所未有的历史性转变，而其中人口老龄化的影响显得更为深刻，已经开始对社会消费人群的结构性改变显现作用。传统的企业产品开发目标、设计定位有所动摇，原本顺理成章的设计考虑，在老龄化社会背景下需要重新审视，这一切都源于社会产品需求的主体人群发生了分化和转移，并形成与传统设计定位的矛盾性，见图 3.1。

首先，老龄人群绝对数量的增加改变了原有的消费主体结构。企业要依据用户的需求来制定战略，战略的确定是建立在清晰的用户价值主张上，没有用户，战略注定要失败。[52]由此可见，“人”已经成为企业产品开发的关键。随着老龄化程度的加重，老龄人群日渐成为社会主流人群（或之一），使未来企业的产品使用和消费主体定位将不能再把他们划归为弱势群体来特殊对待，大众产品设计不得不面对差异人群已经成为一种必然趋势。

其次，同一出生年代的老龄人群的价值观念与心理意识随社会进步而变化，而不同出生年代的人群在步入老年群体后，其生活观念是有明显差异的。

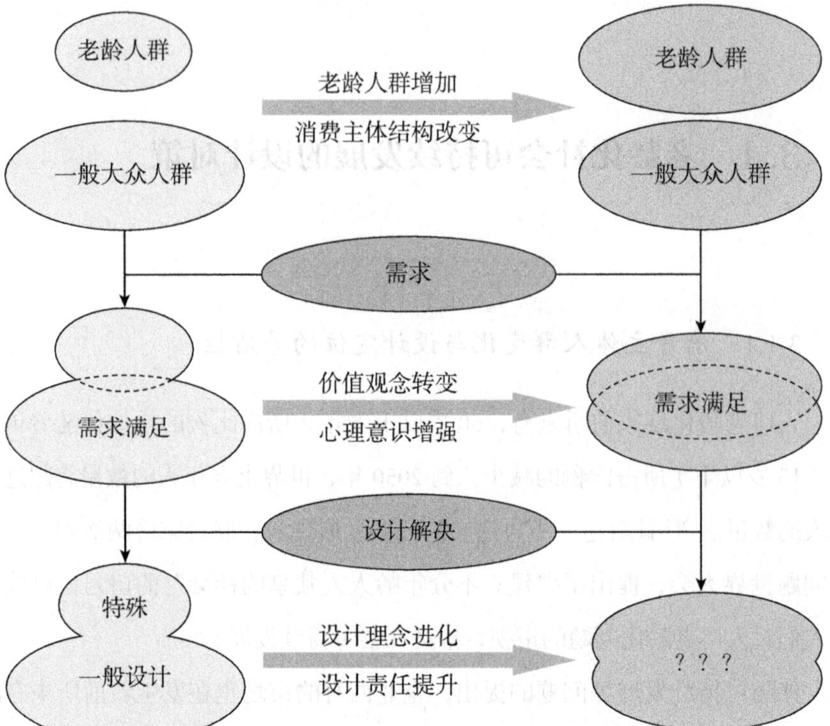

图 3.1 消费主体人群变化与设计定位矛盾性

将老龄人群视为一个独立的使用和消费人群对待，虽然表面上体现了一种人性化的设计关怀，但却忽视了他们的内心感受。老龄人群伴随社会进步，其需求满足也发生着巨大变化。一方面，他们也有追随时代，渴望与社会同步的物质需求；另一方面，老龄人群在满足物质需求中更加关注精神与心理的慰藉，不希望被社会划归为特殊的需要关照的人群。就现今的企业商品设计而言，很多仍然有意无意地把老年人作为弱势群体排除在大众产品的使用人群范围之外，损害了他们的自尊与平等参与社会的权利。

最后，设计的理念进化和责任提升有必要与社会发展同步。遵循整个社会对资源保护和可持续发展的目标要求，设计必须面对逐渐增长的老龄人群，将满足他们的设计定位上升到更科学、更具发展性的高度，减少特殊设计形成的不必要资源浪费，系统考虑整体社会人群的需求满足与资源合理使用等一系列问题。事实上，设计如果能把某些群体的弱势显现消解在设计综合解决中，就可以从生理与心理不同层面无限接近一种人人公平使用的理想目标。

3.1.2 倡导“包容性”定位的设计对策

设计本身始终处在一种进步中。20 世纪以来，伴随着市场的发展和设计教育的深化，设计日益成为社会生活中不可缺少的部分，扮演着越来越重要的角色。[53] 从现代设计的功能主义到物质丰裕社会的个性化设计，一直到现如今探讨的可持续设计理念，设计正在摆脱自产生以来作为商业赢利工具的影响，越来越成为社会发展、时代进步的助推力和协调剂，设计的成功与否已经不仅仅是决定企业市场成功或是产品能否流行，而是逐渐成为一种解决社会问题、提高社会整体生活品质和促进环境资源保护的有效手段。

设计符合和满足使用人群需求是设计定位成功的关键，从使用人群能力差异层面看，设计能够增加个体的能力并扩大其在社会活动中的参与程度，相对来说是一个比较新的思考。在以技术驱动的全球经济中，生活的节奏使得产品可用性更加重要。[54] 正如前面所述，现代设计定位人群的常规考虑，总是不自觉地将使用人群分为不同对象而区别对待，大众产品的主流限定在健康的青壮年，而对于弱势群体则提出了“关怀性”的众多设计理念。在老龄化社会尚未到来、弱势群体处于不显著比例时，这种设计思考还可以勉强维持，毕竟特殊的“关怀性”设计对于资源的消耗可能尚不足以形成对环境资源持续性的威胁。

然而，随着社会发展和老龄化加剧，种种因素促成以老龄人群为主体的弱势群体的日益庞大，特殊设计的资源消耗给人类社会造成了无限制的环境破坏。设计的人群定位在此种形式下被重新思考，将老龄人群纳入设计主体定位人群，或者在大众设计定位中包容老龄人群的能力差异，已经成为一种解决老龄社会设计分别对待造成资源浪费的有效对策，同时，这种更大范围的“关怀”的设计也在广泛实施中，起到了协调不同年龄结构人群之间的需求矛盾的作用，承担了解决社会和谐问题的一部分责任。

3.2 老龄社会中关怀设计指导思想比较

现代设计的一个重要思想是“以人为本”，体现为大多数人服务的宗旨。但是，在实际生活中，由于身体、年龄及其他原因导致相当一部分人不能正常使用定位于“标准”人的大众产品，需要根据他们的具体状况和需求进行特殊“关怀”的设计对待。随着老龄社会的到来，这种情况更加明显。

3.2.1 老龄人群产品使用中的设计解决理念

老龄人群的生理和心理发生了很大变化。设计活动为解决这些问题，开始关注老龄人群的研究，结合他们的身心特点，探究其实际需求，提供更加人性化的产品和服务。同时，现代设计出于社会的人文关爱，在不同层面开展对于弱势人群的关怀性设计，并迅速渗透到实际产品开发中。这其中比较有代表性的有辅助性设计、适应性设计、易用设计、无障碍设计、通用设计等。通过比较，可以更加透彻地梳理和认识通用设计理念作为未来设计引导的必然趋势和价值所在。

3.2.1.1 辅助性设计

辅助性设计指各种辅助用具的设计，主要是通过分析和考察各类人群遇到的障碍特性，在设计中融入对这些特性的适应或克服，从而使产品能帮助使用者摆脱这种障碍，见图 3.2（a）。老龄化社会中的辅助设计主要是出于对日益增大的老龄人群的关爱考虑，希望帮助他们达到独立参与生活的目的。

辅助性设计理念指导设计的产品是一种专门的、用于解决困难的工具，老龄人群借此来改善提高生活质量。尽管辅助设计的本意丝毫没有包含歧视弱势人群的内容，但是它恰恰将老龄人群、伤残个体以及幼弱儿童从正常人群中区分出来，在理念上仍是一种为特殊人群或实现特殊功能进行的特殊设计。

3.2.1.2　适应性设计

适应性设计与辅助设计类似，但有所改进，是在整体方案原理基本保持不变的情况下，对现有产品进行局部更改，或用技术替代进行局部适应性设计，以使产品性能更加完善和提升，满足包括老年人、儿童、伤残人在内的障碍人群的使用需求。

适应性设计从追求为更多人群服务的角度出发，但技术实现更多的还是体现为一种功能整合的一体化解决方案，缺少设计思想层面的深入包容，见图 3.2（b）。

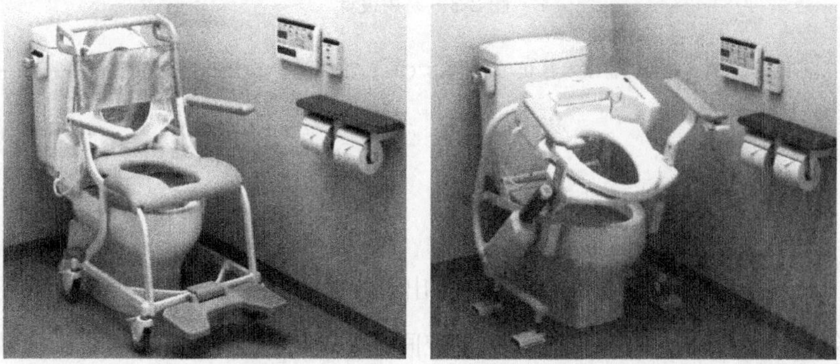

（a）　　　　　　　　　　（b）

图 3.2　辅助性设计与适应性设计

图片来源：何晓佑，谢云峰．人性化设计［M］．南京：江苏美术出版社，2001：164.

3.2.1.3　易用设计

易用设计有时也称作易接近设计，其目的是为残障人群提供具备特殊可用性的产品。易接近设计倾向于创造独立的设施，并基于能力来对使用人群分类，通过“复制”产品对弱势人群给予帮助；同时通过资源配置，增加设计的利用价值。如图 3.3 所示，并排高低不同的卫生洁具和洗手池，供不同人群使用。

易用设计是一种典型的关怀设计，是基于特定人群考虑的设计思想，虽然在资源配置上优化了设计的利用效率和社会价值，但却忽视了老龄化社会特定人群向用户主流的转变，使分类设计事倍功半。

图 3.3　易用设计

图片来源：天一论坛．甬城人性化场所［EB/OL］. 2008-11-10. http：//club.cnnb.com.cn/read.php?tid=1502580.

3.2.1.4　无障碍设计

无障碍设计是联合国在 1974 年提出的，强调在科学技术高度发展的现代社会，一切有关人类衣食住行的公共空间环境以及各类建筑设施、设备的规划设计，都必须充分考虑具有不同程度生理伤残缺陷者和正常活动能力衰退者的使用需求，配备能够应答、满足这些需求的服务功能与装置，营造一个充满爱与关怀、切实保障人类安全、方便、舒适的现代生活环境，见图 3.4。[55]

无障碍设计中，障碍的内涵有狭义和广义两种理解。狭义上说，障碍就是指残疾人、老年人在生活中遇到的不便之处，这种障碍是相对的，是由于生理条件缺陷而不适应某些定位于健康人群的设计而形成；而广义上，障碍就是指生活中任何给人们的行动操作、信息传达构成阻碍的因素，不再限指特定的使用人群。

图 3.4 无障碍设计

图片来源：notcot in home+d é cor.Graves for Drive Medical [EB/OL]. http: //www.notcot.com/archives/2007/08/graves_for_driv.php

无障碍设计曾一度成为福利社会建设、人性关爱设计的主导思想。但随着设计实践的深入，也暴露出一些问题：首先，无障碍设计往往是在原设计基础上，为特殊群体做专门的并且是附加性的改造，大大增加了设计和制造成本；其次，这样的附加性设计不利于设计构思的完整性；最后，由于无障碍设计主观性地把弱势群体作为一种特殊的、不同于大众的人群来考虑，导致了这一群体在使用无障碍设计时，客观上产生了受歧视或不平等的感受。

3.2.1.5 通用设计

通用设计是在满足人性关爱前提下的一种全新设计思考，既不同于所有特殊设计，也不是用一个标准来适合所有人群或者强制统一化。正如本书“绪论”中对于通用设计概念的阐述。通用设计面向所有人，不论其身体状况、年龄、障碍的程度如何。[56] 通用设计具有包容性、便利性、自立性、选择性、经济性和舒适性等六方面特征。

3.2.2 关怀性设计理念之比较

辅助性设计、适应性设计和易用设计都是专门用来解决生活中人们遇到的困难的，这类设计具有明显的针对性，是一种专属性设计。通用设计则是使设计适用于最广泛的人群，而其中的特殊群体使用问题成为设计突破的关键，这恰恰与专属性设计中的针对性相符合，把专属性设计的研究成果和设计方法融入通用设计思考，应用在大众产品中，有利于通用设计包容特殊人群这一问题的解决。因此，通用设计较专属性设计具有更加普遍和人性化的关怀体现，而专属性设计的探讨又可以为通用设计提供一种解决问题的方法参考。

通用设计与无障碍设计两者最大的差异在于：无障碍设计是为“障碍者”去除障碍，是“减法设计”；而通用设计则是在设计的最初阶段，融合大部分的使用需求于设计过程中，是“加法设计”。无障碍设计是针对特殊人群采取的特殊设计，通用设计则是针对各类人群采取的整体设计。无障碍设计是为了让特殊人群不受歧视，能够“正常”生活和参与社会活动。通用设计恰恰相反，是通过设计让环境和产品能在最大可能范围内被所有人使用，并通过“使用过程”将他们联结在一起成为一个更大的社会群体，而不用专门考虑特殊人群。

从一定角度来看，通用设计理念的主要来源就是无障碍设计，是把所有的使用人群都看成是程度不同的能力障碍者而进行的一种设计考虑。即人的能力是有限的，在不同的年龄段会显示不同的能力状态，就人的个体来讲，在幼儿期、老年期、患病期都具有明显的能力障碍特征。而健康人所处的环境和场景不同，也会表现出不同的能力障碍。[57]通用设计正是扩大这种障碍范围来实现广泛人群“通用”的设计目标。

但是，由于“通用设计”给予不同使用者同等的使用权利和机会，提供同等的功能特性，较无障碍设计来说更加蕴含着一种关怀和平等观念。虽然在这方面无障碍设计理念已经有所突破，但在具体设计物的实体表现上仍带有明显的“特殊”标志，客观上把弱势群体从社会中区分出来，给其造成严重的心理暗示。由此，通用设计所体现的关怀更具积极性。

需要注意的是，即便通用设计较无障碍设计考虑的层面更广，但无障碍设计仍有其存在的必要，因为就整个社会而言还有很多产品设备是身体障碍者所必需而其他人群不需要使用的（如盲人打字机）。

3.3 通用设计是解决老龄化社会问题的有效对策

设计人群定位的偏差并非形成于老龄化社会，但却因其而显现和备受关注。一段时期内，设计成就了大量特殊乃至奢侈品的产生，造成了资源的不合理浪费。迫于老龄化社会可持续发展的要求（和谐与资源），借助于科技支持、经济发展与意识变革等力量，通用设计以其最大的“包容性”正逐渐成为老龄化社会的设计指导思想。

3.3.1 通用设计有助于老龄化社会的可持续发展

通用设计从关爱角度将老龄人群包容到设计定位主体人群中，通过改变生活方式、减少生活必需品的特殊设计降低资源不合理消耗，同时提升设计品质以促使设计物功能效用的充分发挥，达到社会与资源的共同持续发展。

3.3.1.1 通用设计符合时代发展背景

社会的进步导致对人权的关注，尤其是对残疾人、老年人、儿童等弱势群体的重视。设计研究的出发点是人而不是产品，通用设计理念正是“设计为人类服务”的最好体现。每个人能从通用设计中受益，因为在有能力和无能力之间，并没有明显的界线，几乎每个人都会有行为能力降低的时候。在这种情况下，普通人就会与那些“不普通”的“弱势群体”有了相同的行动限制，也就有了相同的需要。[58]从这一逻辑分析，推广通用设计正是设计思想进化提升的体现，将设计定位在满足人类群体动态生活的基础上，从一开始就考虑到设计物给不同使用人群可能存在的能力状态提供各种适应方式，以此来倡导一种维护社会生活参与公平的理想目标。

老龄社会导致需要特殊关照的人群数量不断增加，延续特殊设计满足需要势必会造成一种普遍的专用品设计潮流，产生资源浪费。通用设计作为面向大众的设计考虑，能够减轻和缓解这种情况。从某种意义上讲，设计也是一种特殊的、可以改造社会的技术力量。技术发展使人类具备了改造自然、影响环境的强大力量，同时也提升了其关注自然、保护环境的意识与能力。依靠科学技术的发展，可以大大降低对资源的过度消耗，甚至在一定程度上超越资源对经济发展的瓶颈作用。通用设计正是与这种前所未有的技术力量整合，成为一种社会问题调节、环境资源合理使用的有效对策。

3.3.1.2 通用设计推广促进老龄化社会和谐

面对老龄化社会产品使用人群的变化，设计试图探索解决老龄化社会中的产品需求满足和资源有效利用问题。从现实操作角度而言，设计的成功必须有准确的市场定位，无论现实存在还是潜在的未来趋势，企业都应该保证自身实施的设计活动能够满足或引导开发这个市场。这是不可变更的市场规则，也是社会和谐的物质保障基础。

我国是世界上老龄人口最多的国家，也是世界上新兴的设计产业大国，产品的设计理念研究与探讨在这双重背景下显得格外重要，长久以来将弱势群体专用产品与大众消费产品分离的设计已经不能满足社会物质文明发展的需要。通用设计关注包括老龄人群在内的广泛人群，将老年人包含在整个设计用户人群中无差别对待，使他们从中受益、生活更加轻松，同时也给他们提供了独立生活、平等参与使用的权利选择，增强了老年人的社会认同感。不但提高了老年人的生活质量，也体现了社会文明的进步，有利于促进老龄化社会的和谐发展。

3.3.1.3 通用设计引导全社会层面合理消费

消费本身无所谓好坏，关键在于其可持续与否。正如施里达斯·拉夫尔在《我们的家园——地球》中所指出的：“消费问题是环境危机问题的核心，人类对生物圈的影响正在产生着对于环境的压力并威胁着地球支持生命的能力。从本质上说，这种影响是通过人们使用或浪费能源和材料所产生的。”[59]可持续发展观念中“需要”满足与“限制”正是针对这种现象所强调的，通用设计在这方面具有积极的影响作用。

首先，对于需要的满足，引发了生产与消费。可持续发展，既包括可持续生产，又包括可持续消费。通用设计理念的战略性推广，可以在价值观念和现实物质提供上对消费加以正确引导和合理限制，将某些特殊设计导致的“奢侈型”消费转变成为“生存型”消费，有目标地规划全社会对资源的合理使用。

其次，与合理消费相对应的“过度消费”，是将“生活必需”进行夸大，是一种不可持续的消费方式，具有明显的奢侈性、浪费性。需要的无限制的扩大势必会造成“过度消费”，引发资源滥用。伴随全球资源日渐减少和老龄化社会来临，通用设计充分考虑包括老龄人群在内的使用需求，将设计定位指向广泛人群，在一定程度上将“生存型”的共性需要进行了消费人群的整合，减少了“特殊需要”产生的“过度消费”，为解决老龄化社会进程中产品使用人群变化、老龄人群生活保障与品质提升等问题提供了思路，促进了有利于资源节约的合理消费引导。

3.3.2 老龄化社会通用设计实施推广共用品

将产品以使用人群定位为依据进行划分，无外乎大众型和专属型两种。

大众型产品的定位体现为无针对性，无特定使用人群倾向。但目前这类产品的设计在传统思考模式下更多定位于青壮年健康人群。若能将通用设计理念引入其中，则能最大限度增加此类“大众”产品的使用人群，改善其功效品质。

专属型产品的定位体现为较强的针对性，一般是为特殊人群提供特殊功能的产品或设施，包括解决特殊技术功能的专业工具和服务弱势人群的“关爱性”产品。专业工具类产品因使用者通常需要具备专业技术知识和必要的学习训练，其中的通用设计要求考虑相对比较低，即使是做最大范围的产品融合，将其纳入大众接受的范围，也可以视作无针对性产品进行设计考虑，如专业照相机向“傻瓜照相机”的转变。“关爱性”产品则主要包括为老幼病残人群提供的、带有关爱和福利性体现的的产品和设施。

无论是大众型还是专属型产品，都存在着推广通用设计的可能和必要。但其中又存在很多相互交叉的内容特征，即“关爱性”产品中有相当数量也属于健康人群的基本需求，由此形成了能力差异人群共用产品领域的交叉。老龄社会中推广通用设计，正是研究探讨这个交叉集合，以此作为通用设计具体实施的适应范畴，见图 3.5。

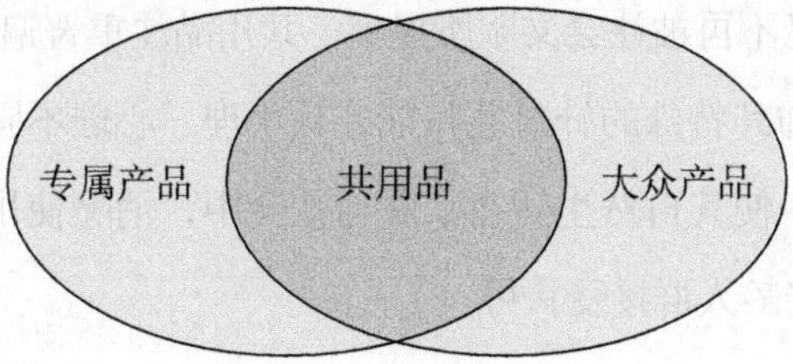

图 3.5 共用品观点

基于使用人群对产品领域的通用设计范畴剖析，形成了比较清晰的“共用品”概念。需要解释一点，在西方经济学中，共用品理论是一种政府干预理论，更是一种资源配置理论。本文引入的“共用品”概念，是借鉴日本共用品推进机构所提出的共用品观点，更多地界定在产品使用人群研究意义上，是从现代设计解决资源有效利用与合理消费的基础上定义的产品范畴概念，以便更清楚地探讨通用设计实施的对象内容。

概括而言，“共用品”是指对于特殊需求者与一般大众都可自然使用的一类产品。“共用”突出的是“共同使用”，强调可用性和广泛适应性，而不是简单的“公共使用”，是解决人群差异问题，包容社会全体，借以达到资源优化配置的目标。以“共用品”范畴在老龄化社会中推广通用设计，比“通用产品”设计更为科学合理和具有现实可行性。

一方面，无论是从社会还是从家庭角度，如果单纯本着关爱与特殊对待的主张，对老龄人群需求满足进行单独设计，无疑会形成庞大的专用产品群和特殊消费开支，使有限资源无形中拓宽了消耗渠道。同时，定位于老龄人群的专属产品在一定意义上拒绝其他大众人群使用，使得大量物质资源和设计生产资源的消耗只能产生一种极低的使用效率。相比之下，共用品融合广泛人群进行使用定位，不但可以满足老龄人群的“特殊”需求，还不会形成对其他大众人群的拒绝排斥，使其达到充分的“物尽其用”，促进自然与社会资源的有效利用。

另一方面，基于和谐社会建设的要求，区别对待正常人群和特殊人群的设计定位模式已经不再被社会文明所提倡。共用品注重普遍需求的平等满足，设计中尽可能掩饰其特殊的针对性特征，从生理、心理不同层面达到真正对老龄人群的关怀，使其自然生活在家庭与社会中，消除使用产品带来的心理不适，更容易被老龄人群接受认可。

3.4　问题回顾

①社会人口老龄化进程中采用差异化的设计人群定位是否适合?

②通用设计较之多种关怀性设计理念有何优势?

③提升通用设计为老龄化社会可持续发展对策的前提与范畴是什么?

4
CHAPTER

通用设计“物尽其用”与可持续发展思想

资源的持续利用和生态系统可持续性的保持是人类社会可持续发展的首要条件。面对老龄化和设计定位多类人群导致的环境资源滥用与无节制，现代设计理念开始了又一轮变革，向着更人性、更持续的方向延伸，使设计物达到最大限度地予广泛人群使用，通过“物尽其用”推动资源的合理有效利用，见图 4.1。

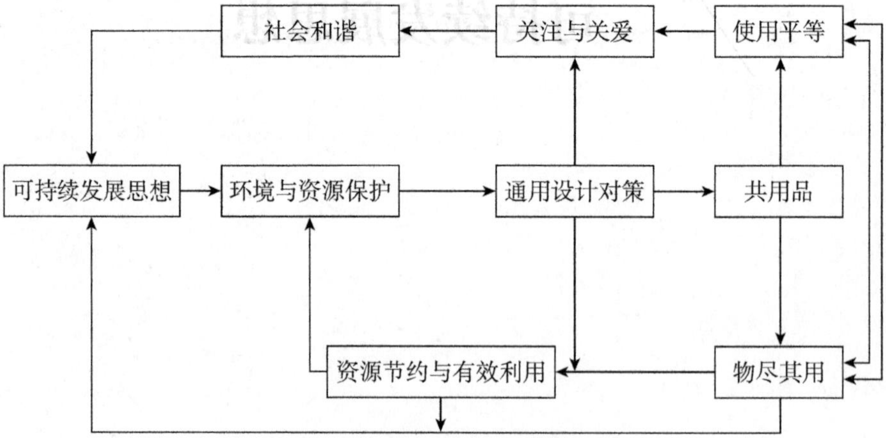

图 4.1　通用设计的可持续发展作用

4.1 通用设计“关爱”与“物尽其用”思想

通用设计对于社会可持续发展和环境资源保护的支持作用，源于其定位的非常规思维模式：设计不是取平均点，而是取最大的包容点。这使得原本起源于平等、关怀精神的通用设计，不谋而合地对解决环境资源有效利用问题发挥了作用，在无形中促进了“物尽其用”的实现。

4.1.1 通用设计理念的发展演化

通用设计的社会观点是基于无歧视的机会平等观念，其思想基础来自“以人为本”的理念，但不再把“人”作为笼统的整体概念来看待，而是通过把产品和环境使用者具体化，关注每一个具有不同生活能力的使用者的特点、愿望和要求，尤其关注老龄化社会趋势下老龄人群的需求特征，并在此基础上呈现可被普遍接受的且不以丧失个性和增加成本为代价的设计，从而实现对产品和环境使用者的普遍关照。[60]

正如在与无障碍设计的比较研究中所得出的认识，通用设计是基于“为人类全体的无障碍设计”这一设想发展形成的，是对原有无障碍设计的质疑与发展。无障碍设计的出现，是对于以“健全的”、标准化的“人”为本的设计思想的批判。就这一意义来说，无障碍设计对社会发展起了积极的促进作用，它引发了设计应该如何理解与把握“人”这个目标对象的问题，使设计思考向前所未及的深层推进。而通用设计则是持有更全面、更现实的认识态度，将“人”整体时空中的伤、残、老、弱统统纳入设计应答的目标对象范围中，从而使设计参照的“人”这一对象具有生命动态性，更接近现实。通用设计帮助人们把遇到的种种问题都当作人生的一部分来坦然接受，正体现了隐含于通用设计理念中的“人本主义”的精神实质。[61]

长久以来，不同领域的学者、技术人员、设计师和产品制造商们更多地将其研究与服务对象瞄准处于人口曲线中间的大多数人，或多或少地忽略了那些少数人。他们认为：把这些超出“理论平均值”的人群需求考虑进设计和生产会提高成本，而且使整个操作过于复杂，并难以达到理想化的彻底解决。然而，随着老龄化社会进程加速和环境资源匮乏问题益发严重，这种观念逐渐被通用设计所倡导的“设计指向无特定人群”思想所取代，旨在以追求社会关爱与平等使用为出发点，让任何人都能选择适应其能力特征的使用方式，完全以消费者的需求和立场去开发产品。

通用设计的价值观是关爱。“爱的反义词不是憎恨，而是漠不关心的忽视。”[62]通用设计重要的是充满“爱”心，这就是其强调的普遍性，即通用性。特别在以人为本的现代设计领域，“关爱”这一普遍性（通用性）的价值观是必不可少的。通用设计理念充满了对人的关爱，它希望消除不良的设计手段和方法达到和谐共享的使用，这不但成为现代设计的发展方向，而且还将成为社会文明和进步的重要标志。

4.1.2 通用设计中的“物尽其用”思想

确切地说，人造物的使用价值只有在对人有用、被使用时才体现出来，即人类对物的需求与使用接受不是必然联系的，需要合理的设计作为纽带。相对于发展中的人类需求，自然界中的物（资源）是有限的，要以有限的物最大限度地满足人类的无限需求，这就在人类与物（资源）之间产生了应如何更经济、更有效地利用物的问题，如何使“物”尽其用。设计在整个资源消耗过程中起到的正是规划引领的作用，从设计入手，也就是从源头把握住了资源的分配使用。

早在20世纪60年代，美国设计理论家维克多·巴巴纳克（Victor Papanek）的著作《为真实世界而设计》（*Design for the real world*）强调设计师的社会及伦理价值，提出了“有限资源论”。[63]70年代能源危机爆发，环境污染、资源匮乏等问题日益严重，人们开始探索通过设计对策，实现自然资源的有效保护和社会的可持续发展。

设计物作为资源的消耗载体，如果不能充分发挥作用，势必造成资源的不合理利用和过度消耗。而这一切又直接取决于设计定位的准确性和实施的充分性。因为社会需求变得更加复杂，人们希望能完成更多的事情，更多的人能利用更多的社会资源。通用设计理念的提出，恰恰切中了产品设计中的效用问题，蕴含着“物尽其用”思想，即设计应具有探讨产品存在价值、规划产品使用方式，并考虑以物（产品）的最广泛利用、发挥最大社会效益及经济效益为目标，使有限的资源得到最充分的利用。

人类对于自然资源消耗的无节制，是人口增加和人均物资消费量增加两方面造成的。通用设计实现“物尽其用”，一方面“共用品”推广能够减少特殊设计和专属产品，从总体资源规划上减少消耗，并使消耗资源“物”后形成的产品真正产生功能效用，以一种最优化的方式提供给社会，实现自然资源的有效利用；另一方面，老龄社会中针对老龄人群倡导通用设计，使设计物具备更加充分的可用性能，在服务广泛的人群的同时延长使用寿命，提升设计物使用效益并降低人均资源消耗，使设计创造于现实中的人造物都能够具有更好的存在价值，充分被社会人群使用，发挥效用。

以设计“物”“尽其用”为目标，必定可以实现资源有效利用和环境可持续发展的长远目标。

4.2 老龄化社会中通用设计的可持续发展思想和效用

老龄化社会中研究推广通用设计，可以整合扩大产品使用人群，提高产品使用效率，促进资源优化使用，并在此基础上引导企业发展与和谐社会的持续发展。

4.2.1 整合产品使用人群，促进资源的合理分配与利用

通用设计体现为一种系统化模式，不单单指产品、空间的形式功能设计，还包括整个服务系统的优化，都应使资源得到良好的利用和有效保护，见图 4.2。

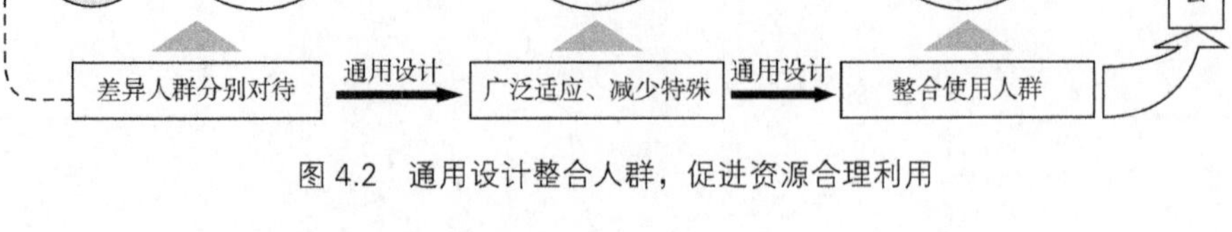

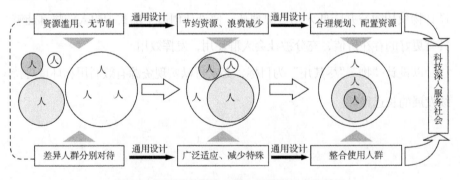

图 4.2 通用设计整合人群，促进资源合理利用

4.2.1.1 广泛的适应性促进共用品使用

通用设计理念倡导的是通过设计周密考虑，将能力不同的人群和动态发展的使用情况均包容在其定位范畴中，从源头上起到了合理规划、节约自然

资源的作用。

由于在使用人群方面的广泛适应性，通用设计可以在社会、家庭中在能力差异的人群或成员之间建立一种共性联系，使原本各自独立、互不相关、为不同人群使用接受的产品范畴之间形成某些共通性，从而使共用品真正能够替代分属不同能力人群的同类产品或功能，减少实现同一功能的产品数量，合理规划环境资源的消耗。

在社会文化系统中，一定社会的价值观经过长期的历史传递和文化心理积淀，就会形成一定的文化传统。这种文化传统经过教育和熏陶，可能长期占据人们的头脑，影响和支配人们的思想、行为，不会随着社会的变化而迅速改变。[64] 基于人类普遍具有的这种怀旧心理，通用设计对一类人群的不同年龄成长阶段调节产品功能，改善使用形式，满足成长发展的需要，可以使其推广共用品的目标在经济价值和情感价值的双重影响下得以实现。

4.2.1.2 减少特定人群消费对资源的不合理消耗

前面在探讨老龄化社会关怀性设计的区别与联系时曾经明确，以无障碍设计为代表的关怀性设计更多的意义在于对特定群体或某些情况的单独解决，体现为一种对特殊人群的专属设计。而通用设计则是一种努力消除专用、探讨人群差异设计解决方案的思维趋向。

对环境资源而言，种类繁多的针对不同能力人群的专属设计无疑是一种负担，而老龄化社会现实中的老龄人群所需专属设计已经渗透到生活的方方面面，不加考虑地一概推行则会形成一种社会性的规划缺乏和资源滥用。在现今老龄化社会中重新强调推广通用设计，正是从减少特殊人群专属设计导致的资源浪费的角度，将越来越多的老龄人群融入大众，通过设计提供其与一般大众共通使用的产品和环境。以通用设计取代专属设计，体现了经济利用资源的优越性，在实现“人所共享”的前提下，人们自会根据自身的需求和特性，在身边的物与环境中发现、选择、利用可以利用的“资源”，减少特定人群消费对资源的不合理消耗。

4.2.1.3 通用设计带动科技深入服务社会

设计的最终目的是改善和提升人类整体的生活品质。好的设计可以增加人的能力去超越身心的限制，通用设计更是如此。融合科技能力和人的需求，让使用者能跨越年龄与肢体的限制，也就是在尽可能的最大范围内应用人类的新科技、新发明，让同一种产品或环境的设计能适用于具有能力差异的广泛人群。

通用设计对于使用方式、环境的深入研究和周密规划，使其对技术支持的要求越来越高，对科技辅助产品功能的易操作性要求也越来越高，尤其是在提升使用者操作能力方面，新技术、新工艺、新材料的贡献越发明显。同时，通用设计将更多的新科技成果在应用中推广到更加广泛的人群，加大了科技服务社会的范围和深度。而且，由于通用设计本身所具有的设计思考完善性、前瞻性等特点，其对于科技成果研究和与人类需求之间的配合也起到了积极的促进作用。

4.2.2 通用设计“物尽其用”符合环境保护理念

可持续发展要求经济和社会的发展必须与资源环境的承载能力相协调。通用设计将使用人群定位于更加广泛的人群，其“物尽其用”目标不仅仅在于实现某些产品的大众共同使用，更为深远的意义是在需求细分的协调满足与成本增加之间找到一种平衡，使特定量化资源成本的消耗付出能够提供更多的功能与使用满足，实现物尽其用，达到环境资源保护的目的，见图 4.3。

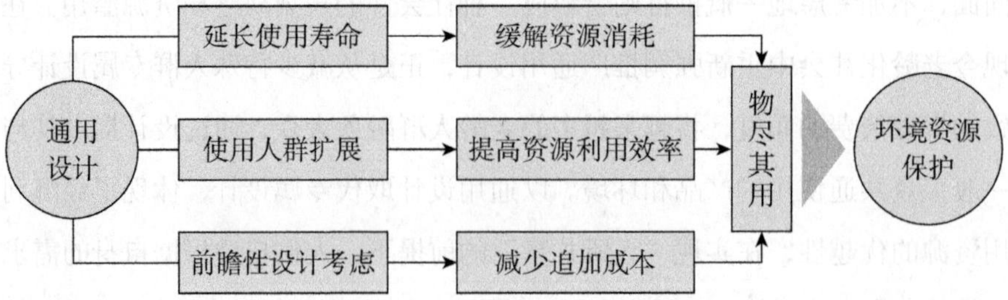

图 4.3 通用设计“物尽其用”具有环保作用

4.2.2.1 产品使用寿命延长缓解资源消耗

对资源的充分、有效利用，实际上就是对资源的保护、对环境的尊重，是可持续发展思想的体现。一种产品整个生命周期“从原料开始，经过原料加工、产品制造、产品包装、运输和销售，然后由消费者使用和维修，最终再循环或作为废弃物处理和处置”，[65]每个环节都存在着资源利用与消耗。环境资源危机理论对设计提出了关注环境保护、具备可持续发展的要求，要抵制设计很快过时的产品，设计消费者需要的而不是想要的产品，用设计技术为社会创造真正有用的产品。[66]现代社会所倡导的“绿色设计”正是在这一背景下产生的。然而，目前更多的“绿色设计”概念所考虑的角度主要还是围绕如何在制造使用中节约能源、节省材料和回收再利用。正如“大禹治水”中的“堵不若疏”，资源的消耗如果能够从源头上加以合理规划，则会从社会整体和持久意义上形成更为完善的“绿色概念”。

通用设计正是这样一种从源头上考虑设计有效利用资源的思想观念。与其产生废弃产品后再考虑如何处理，倒不如考虑通过设计延长产品的使用寿命，拓展设计的应用范围，减少重复生产中的资源消耗。通用设计对于使用人群不同年龄阶段的适应，以及自身设计原则中对于使用耐久性、包容性的要求，都从不同角度延长产品的使用寿命，缓解了有限环境资源应对频繁重复生产的不合理消耗。通用设计延长拓展产品使用寿命，有效抑制了不必要的需求消费，可以引导建立一种健康持续的用物观念。

4.2.2.2 产品使用人群扩展提高资源利用效率

设计是联系人与物的中介，设计的目的是人而不是物。这里指的人应该是所有的人，设计不应只考虑这一部分人而忽略另一部分人。[67]通用设计倡导设计最大限度包容使用人群、增加产品使用范围所具有的“关爱”与“物尽其用”思想，使一切物质资源产生最大效力，避免了浪费和对环境资源的不合理利用。一方面，某一产品（或类别）使用人群的数量性、差别性扩展，可以增加特定产品领域的使用人群数量的绝对值，使设计、制造、资源都达到一种理想的消耗转化价值；另一方面，使用人群扩展中对于特殊群体的包容，在减少了专属设计数量的同时，提升了设计在社会整体性考虑规划中的目标和作用，使社会的产品生产总量得到有效控制，从而有利于解决资源无效滥用和工业垃圾问题，资源的规划配置变得更加合理，以一种优化结构的方式达到提高资源利用效率的目的。从这一点上理解，通用设计扩大使用人群，更加深远的意义在于对社会活动和生活方式的优化规划。

4.2.2.3 前瞻性设计考虑减少追加费用

通用设计在初期就着眼的完善、周密设计考虑，最大限度地避免了因日后发现而增加不必要的修改困难和成本上升，有效减少以后在应用方面的设计变更，[68] 从发展的角度更加体现了一种整体性、前瞻性。这种前瞻性要求设计初期就预见产品使用中自身或使用者可能出现的问题，甚至产品所处环境的发展变化，并辅以解决方案，使设计在某个阶段或层面达到相对理想化的使用状态，以一种动态的功能水平满足用户与环境变化的需求，避免使用需求变化要求功能改造或阶段性设计考虑造成的费用追加，从而减少金钱和资源的消耗。

4.2.3 通用设计塑造环保品牌，保障企业持续发展

正如米尔顿·弗里德曼所言：商业的社会责任是利润最大化，而对社会和环境的关注只会使利润减少。[69] 通用设计既然作为一种设计观，除了对设计对象的考虑外，必须与产业界对获利生存的实质目标适当融合。在老龄化社会中，针对老龄人群的专属设计具有少量多样的特性，对以谋取最大利润的企业而言，很难达到产品开发的市场经济规模。若能够贯彻通用设计理念，企业则可在关怀弱势人群与追求市场利益之间获得平衡点，并从战略层面将自身的产品开发与营销融入环境资源保护思想和平等关怀理念，更加顺应社会可持续发展的要求。见图 4.4。

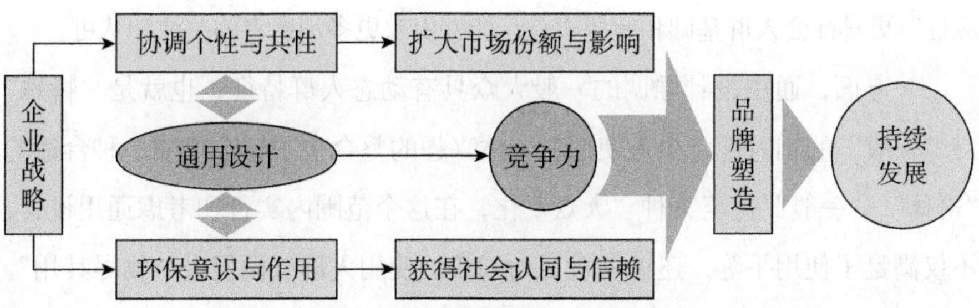

图 4.4 通用设计提升企业竞争力和品牌形象

4.2.3.1 协调个性与共性需求，拓展细分市场

很明显，“个性”是千差万别的，生活世界却是复杂多样的，与之相对应，产品也必须是无限多样的。[70] 这里提到的“个性”是限定在一种符合健康基本需求满足的设计理念的个体化倾向，是有别于“奢侈”“另类”“无节制”的产品选择，正如“布衣粗饭”与“华服美食”一样，都具有某种“个性”，但前者更符合社会的长远发展轨迹，是一种可以持续存在的“个性”倡导。

从广义的设计目标分析，个性化设计和通用设计都体现了以人为本，都有其因满足相关使用人群而存在的意义和社会基础。相比较而言，个性化设计的目标是满足渴望体现个性、展示与众不同的社会人群，更多地表现为一种个性波动倾向的时尚潮流；而通用设计则是为了寻求基于人的某种共性需要，发展初期体现为关怀、平等，后随社会进步上升到人类社会的可持续发展目标的共性方面。虽然从满足使用人群的角度两者存在着“适应性”差异，但个性化设计和通用设计都具有有利于拓展市场、增加企业利润的取向。

相对个性化的需求满足，融入个性化考虑的通用设计体现了一种“整体优先”原则，具有更加广泛的适应性和可调节的对应性，可以弥补个性化造成市场细分的不足，扩大市场份额，使个性化设计理念在企业的可持续发展设计战略中得到升华。从市场竞争的观点看，通用设计因考虑到更多的使用人群，可以有效提高产品的市场竞争力，深入完善的设计内容在不牺牲产品个性特征的前提下，又从多个层面具备了某种“普遍适应性”。相对于“个性”，“普遍适应性”更具社会人群基础和商业卖点，能够引起更多消费者的关注和认可。

一方面，通用设计强调的一般大众具有动态人群特征，也就是“特殊”与“一般”的相对性，个人使用、个体兴趣的整合也同样会形成一种合适的“群体”、“一般”甚至某种“大众”化，在这个范围内实行和考虑通用设计，不仅满足了使用平等，还可以在更为细致的使用人群层面促进“物尽其用”。另一方面，通用设计并不意味着设计从一开始就对所有人适用，而是利用系统方法来提供一种可调节、动态的使用方式，从而满足任何人的需要。

企业倡导通用设计，是作为一种推动产品进化和变革的动力，而这种动力又恰恰与社会趋势、资源等问题相吻合，虽不能适合“所有的”使用者，但却可以通过共性与个性的协调使企业的设计无限接近“通用”目标，最大化地拓展可能存在的细分市场。

4.2.3.2 通用设计有效利用资源帮助企业塑造环保品牌

20 世纪 80 年代，美国未来学家阿尔温·托夫勒明确指出：“现在每个大公司的产品越来越多了，需要承担的社会责任也更多了，不像第二次浪潮，除了经济产品外，现在不得不考虑环境、社会、信息、政治和道德等问题。”[71]一个可持续发展的公司应该为整个世界创造出同时满足经济效益、社会效益以及环境效益的企业战略。[72]产品功能一直以来都是企业和用户关注的重点，然而单纯对产品功能的关注局限了企业的发展，也制约了企业的竞争力。[73]通用设计适应广泛人群的使用满足，显现了一种设计品质的提升，对于提高消费人群信任度和企业塑造品牌的水准都有帮助。在环保与人性关怀日益受到国际重视的发展趋势下，通用设计与环保设计两种观念有了更加一致的保护对象：人与自然。如何降低资源不合理消耗和促进环境保护，也就成为企业发展与被社会认同的统一标准。与老龄化相伴，社会人群对可持续发展中的环境保护意识逐渐增强，在满足需求的同时对设计对象的社会意义和作用开始更加关注。

据国外的一项消费调查表明：有 75% 以上的美国人表示，企业和产品的绿色形象会直接影响他们的购买行为；在欧洲市场上有近一半的消费者购买产品时会考虑环保问题，其中94%的意大利人青睐绿色产品，82%的德国人在消费产品时会注重环境因素，亚洲的日本、韩国以及我国香港等地的消费者也都热衷于绿色产品。[74] 在老龄化社会中，这种消费与使用人群观念的变化趋势，开始约束企业在设计、生产等环节关注对环保问题的解决和作用，以迎合社会可持续发展的主体潮流。具有环保、可持续概念的产品不但受到消费者认可，造福于人类的现今与未来，更能为企业获得商业利益，同时提升其社会形象和品牌荣誉，使其在贸易全球化当中具有更强的竞争力。

企业引入“通用设计”理念，是以一种服务社会的角度定位自身发展，是通过满足广泛人群使自身的市场规模扩大。而通用设计在人文关怀及功能使用方面细致入微的设计考虑，又势必会令更多的使用人群满意，加之其“物尽其用”的环境保护功效，从而增强企业在市场中的良好信誉。良好的信誉会促进企业市场乃至社会形象的建立，带动企业通用设计战略在社会范围内更加深入实施，使企业在一种良性循环中，通过扩大市场、降低成本，在符合环境资源保护与有效利用原则下获得经济效益。同时，这种企业战略也在影响和塑造消费者需求和价值观念方面发挥作用，并引导改变整个社会的生活方式和生活态度。

对于国内企业而言，尽快引入通用设计战略可以促进其应对社会老龄化的发展，提高产品设计质量和产品开发的社会效益，改善国内产品市场竞争的层次。从适应更加广泛的市场角度着眼，还有利于提升国内产品参与和适应国际市场竞争的能力。

4.2.4 通用设计传播平等观念有利于和谐社会构建

社会和谐是可持续发展中一个比较重要的问题。老龄化社会的形成在很大程度上改变了原有的社会人群结构和人际关系，老龄人群作为一个日益增大的群体逐渐对社会的各个方面开始起到重大的影响作用。通用设计对老龄人群做充分的考虑与包容，正是在传递一种平等关爱理念，对于社会的和谐稳定与人道宣扬都有着积极意义。见图 4.5。

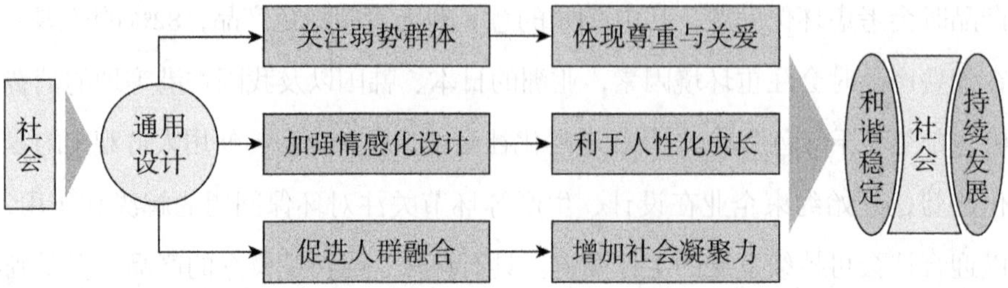

图 4.5　通用设计推广有利于社会和谐

4.2.4.1　关注弱势群体，体现社会尊重与关爱

北宋文学家曾巩有句名言："法者所以适变也，不必尽同；道者所以立本也，不可不一。"讲的虽然是治国之道，但同样适用于现代设计。"道者"即设计中所指的"以人为本"；而"法者"则可理解为各种衍生的设计原则；之所以适变，正是因为社会发展中人类的思想在不断改变、交替，正如现代设计发展的各个历史阶段中人们对"以人为本"的理解不同，导致了各种设计思潮的出现。

狭义的"以人为本"，体现为一种对于个体或特定人群的关注，是一种侧重于技术性模式的满足需求、提供功能产品的设计操作。而广义的"以人为本"则是一种人类本能的对弱势群体的关怀反应，是一种"整体优先"、定位于社会和谐发展的更加高远的思想意识，这其中的"人"是社会化的体现。通用设计正是源于这种人类永恒的内在本性，将对于弱势群体的关照融入"以人为本"的设计思想中。

老龄化社会的形成使得这种考虑更加重要，"通用性"意味着一种新的造物基准，一种对于设计物的极致追求，也体现了"平等使用"这一具有深切人性关怀的设计主张。设计作为改造人类生活方式的创造性活动，在给人带来方便的同时，还应体现对人的尊重，一个追求平等的社会不应人为地将某些相对弱势群体舍弃。通用设计顾及并满足作为弱势的老龄人群需要，淡化和消除特殊对待，使他们觉得自己和其他人一样，都是社会的重要组成部分，体现了一种社会化的平等与关爱。

4.2.4.2 加强情感设计，符合人性化的社会成长

在现代科技主导社会发展的今天，设计开始逐渐意识到：过多强调技术、功能，强调对于各种不知合理与否的需求满足，使得人与人之间、人与环境之间的疏远、隔阂等问题越来越严重，增加情感成为设计探索的一个方向。作为有思想意识的使用人群，设计除了提供使用功能上的满足，还应注意其使用中的情感满足。

情感是“在人的认识过程中，周围环境的刺激物对人们发生了具有一定意义的信号作用而引起的比较稳定的态度和体验”。[75] 情感的好坏将直接影响到使用人群对于使用对象的满意度和使用情况。[76] 在产品设计中注入某种情感化内容，可以使使用者和产品产生良好的交流沟通，引导自然的操作使用；情感化产品的长时间使用还会形成使用者的情感依赖，并由此延伸产品的使用寿命，间接降低资源消耗。

通用设计关注细节与长远、包容广泛人群的指导原则，无形中加强了产品的情感化设计，体现了一种“为不同能力人群着想”的愿望，易于被特殊人群在心理上接受，避免了由于能力差异导致的区别对待乃至隐形歧视，体现了一种人性关怀的情感蕴含。这种融汇于通用设计全程的情感化内容，能够为使用者跨越自身的生理成长而自然接受，甚至于在代际延续，使其体验一种超越物质功能的精神享受和快乐，这对于节奏快速的现代社会，无疑增添了一种调节压力、丰富寄托，从而促进其更具人性化成长发展的价值。

4.2.4.3 推进广泛人群融合，增加社会凝聚力

社会的健康和谐发展是基于整体的概念，需要全社会群体的积极平等参与，并不局限在某一类人群或者某一个层面。通用设计强调适应最广泛的使用人群，不仅是为了减少由于能力不同造成使用上的悬殊差异，更是避免隔

离、孤立，使弱势群体回归主流，拉近人与人之间的距离，增强了社会各层面人群的融合。另外，通用设计理念的社会化推广，有助于社会道德风尚的建设，以及对于通用设计宗旨与常识的认识普及，可以使社会每一个成员更多地从社会规范和他人感受的角度实施自身行为，在思想意识层面推动通用设计具体作用的实现。

通用设计给所有人带来利益的目标定位使其获得更多的人群支持。老龄化社会中倡导通用设计，可以让更多的人去体恤弱势群体的困境与不便，懂得去帮助需要帮助的人群，使普通人群与老龄人群在使用需求的差异性上寻求共解，进而达到两大不同社会群体的最大限度融合，在社会活动、家庭生活和心理认识等层面消除障碍，增加社会的凝聚力。

图 4.6 中的通用烘手机（Universal Hand Dryer）在公共场合下，是一个非常必要的存在，然而现在市场上大部分公共卫生间的烘手机都是为正常人准备的，残疾人和小孩使用起来非常不便；有些卫生间为此放置了一高一矮两台烘手机，无形之中造成了不必要的资源浪费。基于对使用者的考虑，设计师 Hyunsu Park 设计了一款名为“Universal Hand Dryer”的烘手机，长方形的形式巧妙地解决了不同人群（健康状态）使用者的使用高度问题。

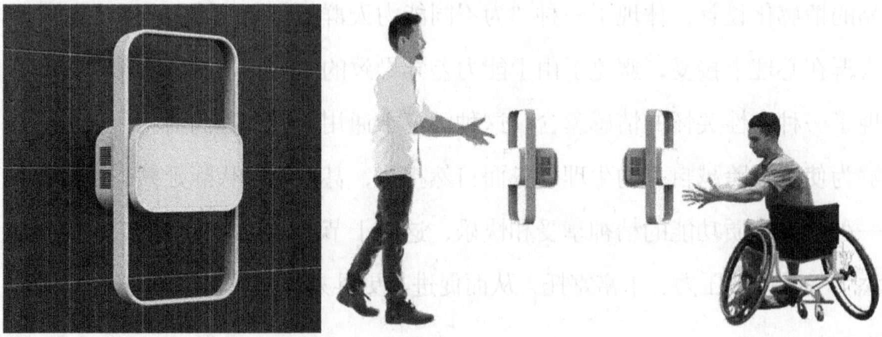

图 4.6 通用烘手机

4.3 由“物尽其用”到“物尽其美”

除去从资源角度对设计的“物尽其用”，消费者自身在选择产品或者消费时也往往抱有“物尽其用”的价值观念。与之相对应的和接续的，就是当物质资源丰富到一定程度的时候，对于情感和格调品质的追求便会产生“物尽其美”的精神要求。简单来说，物尽其用是对产品功能的要求，物尽其美是对产品形式、艺术的要求。技术在革新发展，艺术也在不断变化，这就需要通过设计来体现科技进步、文化内涵、人文关怀和对环境的关注。而产品设计发展的历程表明：没有功能，形式就无法产生。功能与形式必然是合二为一的，没有功能，华而不实的产品是对消费者的欺骗和资源的浪费；缺少美的产品则是粗糙的物品，同样也是另一种“资源践踏”。

当今社会，东方的生活文化和传统造物理念越来越被更多的设计领域和思潮所关注。其中的“敬天、爱人、惜物”价值观更是被东西方所一致认同，设计对于资源考虑和社会责任也集中围绕着“用”与“美”而展开。

4.3.1 “物尽其用”思想中体现着“物尽其美”

功用包括物质与精神，对于用途的极致追求，从另一个层面上说，也是对于一种“完美”的追求，更是充分展示资源“自身美”的追求。

设计中经典的“可口可乐玻璃瓶”至今已经100年了，它已不仅仅是一个装盛液体的容器，而早已成为一文化标志。瓶装可口可乐在1894年开始销售，其瓶子的形状采用了直桶形，这对可口可乐的销售造成了很大不便。当时大多数零售商将瓶装饮料放入装有冰水的大桶里销售，口干舌燥的顾客在购买时得撩起袖子，在冰水中摸索。为此，1915 年可口可乐公司希望有一种可以与其他饮料瓶相区分的瓶子，并且无论是白天还是晚上，甚至是打破了也能识别出来。最终印第安纳州的鲁特玻璃公司的两名设计人员，从《大英百科全书》中获得了灵感，他们模仿可可豆的形状，设计了凹凸有致的弧线瓶（见图 4.7）。

图 4.7　可口可乐玻璃瓶演化

可口可乐饮料的弧形瓶选用玻璃材料，玻璃瓶可以用完后回收再利用，构成一个完整的包装废弃物良性循环，不仅减少了制作的费用，而且便于处理，减少了对环境的污染。玻璃瓶使用起来非常安全，瓶身易握不易滑落，其瓶子的中下部是扭纹形的，如同少女穿的条纹裙子；而瓶子的中段则圆满丰硕，本身就有对女性身体的隐喻。由于瓶子的结构是中大下小，弧线给人一种视觉上的错觉，好像弧线瓶中所承装的液体，看起来会比实际分量多一些。同时期的其他饮料玻璃瓶如图 4.8 所示，持握感不强，容易滑落，而可口可乐的玻璃瓶的弧形设计完美解决了这个问题，在造型上也突出了美感，在与其他瓶子的对比中，从仅仅实现功能发展到将美学发挥到极致。

又如苹果公司设计生产的一体化苹果 Macintosh 电脑系列。早在 1998 年苹果总裁斯蒂夫 · 乔布斯就将“what’s not a computer”（不是电脑的电脑）概念应用于 iMac 的设计过程。

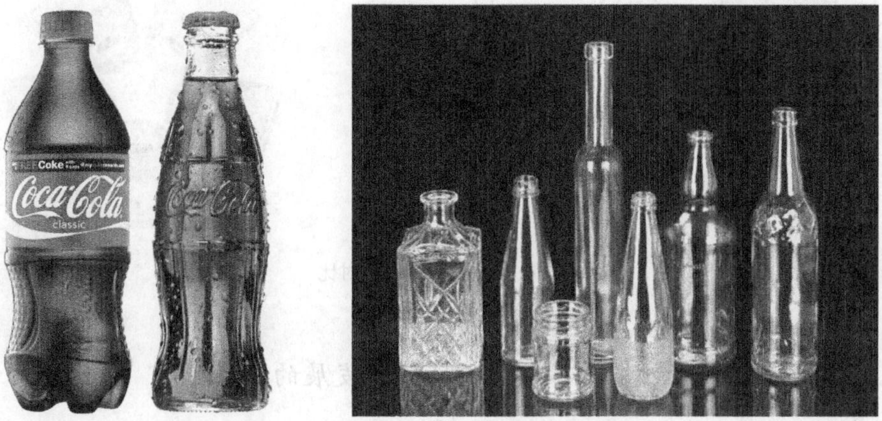

图 4.8 可口可乐玻璃瓶与其他饮料玻璃瓶

iMac 全套彩虹系列带给我们的感受是它独具特色的设计：色彩的、新鲜的、透明的、明了的。iMac 将原有的 Macintosh 电脑中的 CPU 和显示器结合在一起，使用透明和半透明的糖果色。当时的消费者已经厌倦了市场上的简单灰色的个人电脑，他们期待着任何可能的改变。把技术变得更容易看到总能受到消费者青睐。iMac 的设计与非物质主义后工业哲学相一致。在信息时代，形态和质量让位于交流、互动软件和网络。它是一个偏爱图形用户界面及相关软件的电脑非物质化的象征，它要用户通过电脑使用网络和信息而不是使用电脑本身。苹果是第一个看到这种趋势的潜力并开始设计与此相配的电脑和外设的公司，而 iMac 则启发了几乎所有其他产业的新产品。如图 4.9 所示，当时的 iMac 彩虹电脑与同时代的清一色灰色的电脑形成鲜明对比，透明并有各种颜色的塑料壳体充分展示了材料自身的特征与美感，并使 iMac 看起来更加时尚、活跃和轻便，诠释了一个新的市场未来，使计算机不再仅是一台可以使用的工具，其外观和形式带来了更大的突破，完成了从“物尽其用”到“物尽其美”的华丽转变。

设计活动由需求促动，其不断迭代更新，正是人类对于资源尽善尽用、审美品质不断提升的持续探索。

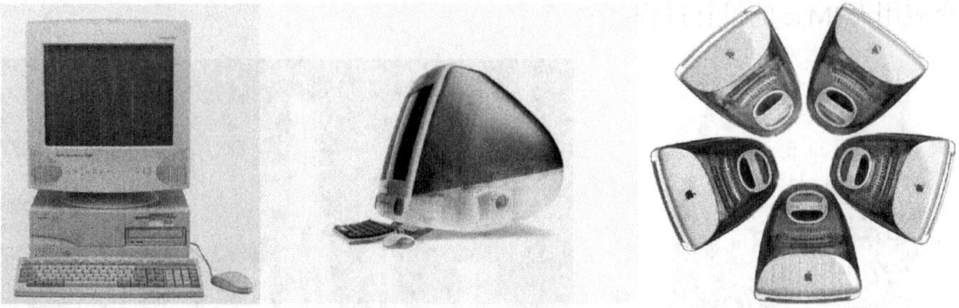

图 4.9 iMac 的设计对比

4.3.2 “尽用”与“尽美”——设计发展的原动力

不同时代不同风格的设计，在一定意义上就是依托技术发展、资源形式、社会审美等背景进行的设计跋涉，是一种对于“极致”的追求。这种追求正体现于对“尽用”与“尽美”的探索中。

如图 4.10 中的方卷卫生纸，是日本设计师坂茂在“再设计：二十一世纪的日常用品展”中展出的产品。这是对圆形纸卷芯的再设计，这一细节的改动完全改变了卫生纸的形状，由圆到方，抽纸时由“嗖嗖”拉出过多的纸变为“咔嗒咔嗒”地控制取纸长度。方卷纸的阻力减少了浪费，减少了资源的损耗，同时因为方形可以靠紧，节省了运输与储存的空间。

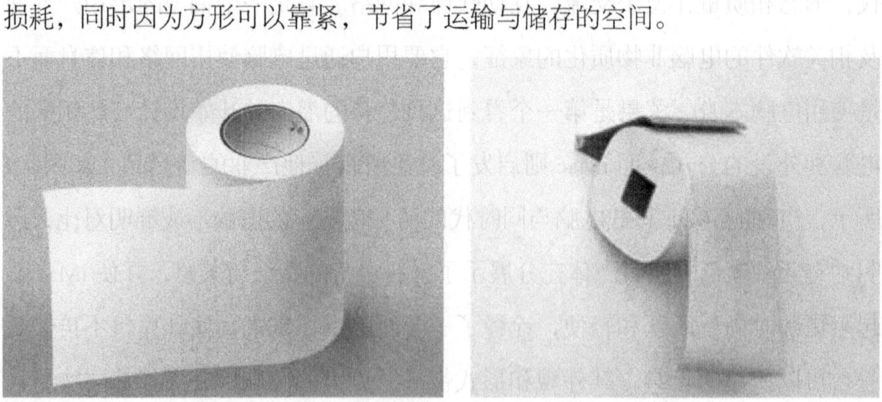

图 4.10 坂茂方卷卫生纸的设计对比

在这里，形状的改变应该是非常小的设计点（与其说是形状改变，到不如说是在圆与方之间做了另一个取舍），但是却改变了整个卫生纸的设计思路和使用效果。圆形的纸卷只是为了“方便”转动而选择了圆形，没有更加深入地思考会不会因转太快且没有止动设计而导致浪费的问题；或许是制造者希望产生更多的浪费来促进消费，所以不对圆形纸芯进行改造设计；再或者圆形纸的生产效率更高，圆形的筒芯更易生产，价格更低廉……无论怎样，方形卷纸展示了明显不同的设计出发点，那就是从节省资源的角度进行设计，使每一节纸都产生“物尽其用”的效果，减少不必要的纸张浪费。

这个产品在市场上的成功并不如理念这样备受推崇，但是它仍然是一款优秀的产品，如原研哉所说，从日常生活的角度，设计传递了对文明的批判。方纸卷隐隐透露出的批判味道正是设计不断前行的原动力。

又如深泽直人设计的直角垃圾桶（见图 4.11），其中小小的、看似平淡无奇的改动使普通圆形垃圾桶的功用大大提升，彻底屏蔽了扔垃圾到墙角缝隙的问题，又保持了圆形不同于完整方形的体验感觉。与坂茂的方卷卫生纸正好是对“方与圆”的各自选择，这种选择正是对“形式实现功能”彻底性的不断探索，也是对“尽用”与“尽美”的推敲协调，在无休止的探索与协调中推动设计的不断优化、不断“极致”。

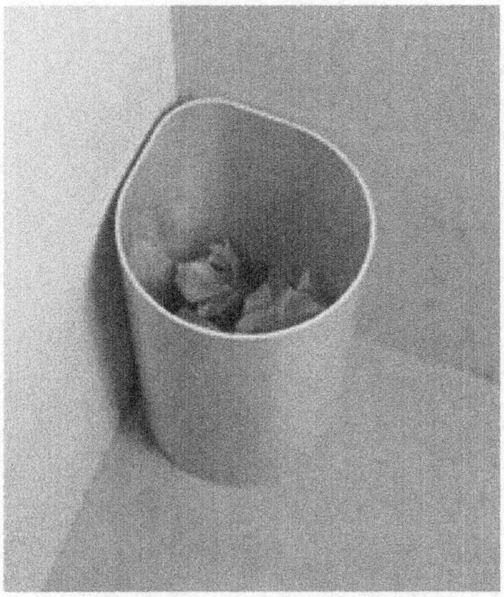

图 4.11　直角垃圾桶

4.4 问题回顾

①通用设计理念定位于可持续发展中的环境资源意识的提升；

②探讨通用设计在人口老龄化社会进程中的积极作用；

③特定社会背景下的设计“关爱”与“物尽其用”不谋而合；

④“物尽其用”在设计美学层面的升华。

5
CHAPTER

老龄社会产品通用设计范畴界定

通用设计有助于可持续发展中资源利用与社会和谐。但是，在老龄社会中推行通用设计却不能一概而论，将其夸大为“万能设计”，要有针对性地依据不同需要从不同切入点导入设计，不能盲目套用某些理论原则，更不能太过主观。“共用品”概念强调的正是通用设计现实可行要有相应范畴和侧重点。依据老龄社会生活方式和需求特征，探讨推广通用设计的产品范畴，是深入研究老龄社会通用设计策略的基本前提。

5.1 养老模式与需求特征

5.1.1 老龄人群家庭结构与生活方式

老龄人群的家庭结构，是指其家庭的人数构成和代际组合。不同的家庭结构存在着不同的人际关系和不同的养老方式。根据有关调查资料显示，我国老龄人群的家庭结构有如表 5.1 所示的几种类型。[77]

表 5.1 我国老龄人群家庭结构组成

序 号	类 型	特 征	比例 /%
1	单身家庭	老龄人单独生活	8.5
2	夫妇家庭	一对老龄夫妇独立生活	25.3
3	两代家庭	老龄人与子女共同生活	15.6
4	三代家庭	老龄人与子女共同生活，并有第三代人	40.5
5	四代及以上家庭	老龄人与子女共同生活，并有第三、四代人	1.9
6	其他	老龄人独身寄居亲戚家或其他居住形式	8.2

调查显示，大多数老龄人选择了与子女生活在一起，而老龄人生活无法自理后希望子女在身边照料这种愿望，已越来越不容易实现。由于社会老龄化的加重，父母健在而子女已退休的现象并不少见，依靠已步入老年的子女照料更年老的父母，对双方来说都是负担，一对夫妇上面可能有 4 个老人，甚至可能还要间接赡养 8 位老人，见图 5.1。随着人口流动程度的加剧，年轻人外出工作、求学甚至异地安家，使得老年人得到的照顾和心理慰藉变得更少。因此，完全依靠子女照料养老已不现实，通过社会机制与设计探索，提供更加适合老龄人群生活、活动的产品和环境，改善其生活方式，则可以在

解决这一问题上起到比较显著的作用。

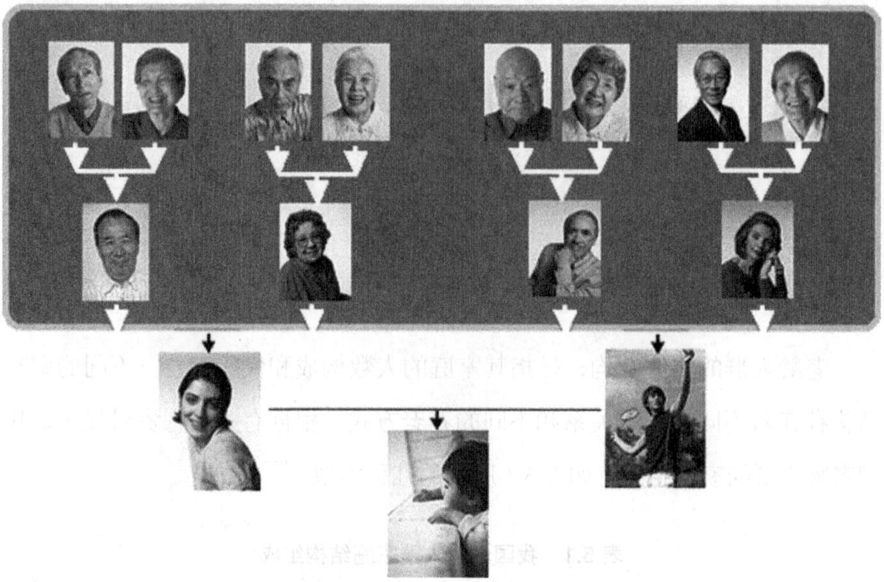

图 5.1　家庭结构与养老负担

老龄人群的生活方式主要体现为劳动、消费、交往、闲暇活动、社会活动等几个方面。老年人随着社会角色变化和日益衰老，其生活方式也在改变。其中：

劳动以家务劳动、其他活动为主，主要表现为家庭化和社区化。

消费以吃、住、医疗保健为主要内容。老龄人群随衰老程度的增加，劳务消费相应增加；同时，现代社会的发展强烈影响着老龄人群的消费观念，由节俭化、消费单一向保健化、方便化、舒适化转变，并渗透到吃、穿、用、玩的各个方面。

交往以家庭成员、亲友为主要对象，更多的交往依据活动范围形成。

闲暇活动一般是老年人生活方式的主体，表现为参与社会活动、学习知识技能、再就业提供劳务、专注性情陶冶和文化消遣、追求身体锻炼和保养等几种类型。

社会活动主要是参与社会公共活动、社会工作和社会公益活动，一般具有服务性、群体性、暂时性、不固定性等特点。

随着我国老龄化社会的形成和发展，保障和改善老龄人群的生活方式，对于社会的稳定与和谐有着积极作用。

5.1.2 养老模式比较

老龄人群的生活方式在很大程度上受到养老模式的影响，选择适合的养老模式，可以优化其生活方式，改善和提升老龄人群的生活质量。

5.1.2.1 世界养老模式的发展轨迹

人类社会的发展使得养老内涵与模式不断变化。在“少子高龄化”现象尚不明显的老龄社会形成之前，世界各国的养老模式普遍选择“家庭养老”；随着老龄化社会的形成，一些“未老先富”的发达国家依靠较高水平的经济发展，大量投资兴办各种养老机构，这种“社会养老”模式在很大程度上取代了“家庭养老”而成为一种主流形式。但随着人类社会“少子高龄化”现象的形成与加剧，老龄化社会在世界范围内的发展，特别是日本、北欧等一些发达国家甚至已进入以少儿人口减少为主的人口减少型老龄化社会。[78]加之人们的观念和情感价值的转变，开始意识到机构养老对老人心理造成的伤害，转而回归家庭。但社会发展中各类因素的不平衡使这种回归不可能迅速实现，迫使人们不断探索新的养老模式，进而形成了机构、社区和家庭养老模式多元化的发展趋势。

5.1.2.2 国内养老模式演变

我国经济发展水平和国民富裕程度与发达国家相比尚有明显差距，但却与发达国家同步进入了老龄化社会。同时，我国人口、经济、社会、文化等多方面的特殊国情，不仅使老龄化背景下的养老问题相对“超前”地暴露出来，而且也深刻地影响和制约着我国养老模式的选择。

家庭养老一直以来都是中国人首选的养老模式。随着城市化和人员社会流动的加快、计划生育政策的长期实施造成的少子化，家庭养老功能逐渐弱化。而且现代青年的价值观及生活方式的变化也对家庭养老产生了冲击，快节奏的生活与社会竞争压力为家庭主体承担养老责任设置了重重困难，在一定程度上产生了整个社会对家庭养老模式的排斥。在这种情况下，各种社会养老模式逐步发展起来。与家庭养老相比，社会养老可解决家庭养老人力资源不足和对子女工作过度影响的矛盾，但社会养老也有不少问题，如需要持续地大量投资，没有足够的政府财政补贴几乎难以为继，等等。

5.1.2.3 居家养老模式为主，与社会养老结合

社会养老模式的发展，在一定程度上减轻了家庭负担，但同时给普通家庭又增加了额外的经济压力。最为关键的是，现代社会中家庭成员之间的亲情、责任、伦理、道德关系等仍然存在，而且随着如图 5.1 所示的 1 ∶ 2 ∶ 4 ∶ 8 家庭人口模式的形成，亲属关系的减少和单一化，亲情的维系更多地来自代际，尤其是当父母进入老年，生活能力衰退时，子女对父母的生活照料和精神慰藉是单纯社会养老无法完全替代的。针对此种社会问题，《中国老龄事业发展“十五”计划纲要》提出了要“坚持家庭养老与社会养老相结合”的原则，“继续鼓励和支持家庭养老”。推广“以家庭服务保障为基础，社区照顾为依托，机构供养为补充”的居家养老模式。[79]

居家养老模式的推行，使老龄化社会中的产品设计定位的包容性和广泛适应性更加必要。一方面，不同的养老环境对于共用品的需求体现得越来越具体，通用设计在家庭、机构、社区各种不同养老层面形成了不同针对性的设计定位，包容广泛人群的范围也有所差异。另一方面，家庭养老主体的确立，使得老龄人群基于机构的群体性生活形式弱化，导致专属设计不利推广，而家庭范围和社会层面的共用品需求明显提升。通用设计在我国居家养老模式实行中获得了良好的社会基础。

5.1.3 老龄人群的需求特征

养老需求可分为生理需求和精神需求两个方面。随着年龄的增长，身体

机能逐渐衰退，老年人对日常生活中的出行、家务、身体护理等方面有着特殊需求，相关产品的设计应更加注重易用性、功能性和稳定性的考虑。由于传统文化的影响，一方面我国老年人比欧美等发达国家老年人独立意识弱，自我定位卑微，尤其是文化程度不高的老年群体，往往感到老年生活的无助无聊和对独处寂寞的恐惧，希望得到更多的来自家庭和社会的关爱；另一方面他们依旧保持着长者尊严，对于某些大众产品使用的尴尬状况很难接受，也并不想拥有印着“老年”标记的独特设计，希望能和大家一样过着方便的生活，在使用产品时能有一种平等感，甚至是找到自尊。[80] 倡导老龄社会中共用品的通用设计正是由这一需求引发。

老龄人群由于家庭结构、养老方式、生活方式不同，需求特征也不尽相同，本课题在研究中结合不同家庭结构、养老方式，分别针对家庭、养老院、社区活动和商业环境中的老龄人群，围绕生活、娱乐、出行、医疗保健等方面需求进行问卷调查和访谈，在分析总结中，将我国老龄人群的需求特征从共性角度归纳为三个层面。

在社会活动方面，所调查的老龄人群普遍体现出非常高的积极性，并希望在某些方面提升自身的独立参与能力，如交通、信息获得等，期盼能在这些方面得到产品或者服务支持的满足，同时又不希望被其他人群另眼相看。社会活动方面的需求特征主要表现为老龄人群对于公共环境品质提升和设施使用的要求，尤其是老龄人群接触较多的环境场所设施、产品的可独立安全使用、识别等问题。

在家庭生活方面，调查中的老龄人群虽然养老模式和家庭结构各有不同，但总体上都存在与不同代际亲人之间的产品使用差异感觉，希望在家庭生活中接触到的产品能够充分考虑到他们的使用，但又不主张因过多购买专用产品而浪费金钱。调查中还发现，很多老龄人对于生活用品具有改造意识和能力，由于其家庭地位的主导性，他们往往对家中使用不适的产品、设施自己动手改造，或对废弃产品进行重新利用，表现了很强的参与性和节俭意识。同时随着智能家居产品和物联网的兴起，其智能、方便、易用的特点不仅提升了大众生活的品质，也迎合了老年群体的特殊需求，给老年人居家养老的环境带来更多实质性的提升。在老龄化的社会环境下，这些产品的开发更应该转变设计的重点，考虑这一发展趋势。

在个体休养方面，老龄人群对产品的需求主要表现为医疗、锻炼和娱乐等内容。另外，相当一部分老龄人对于数字信息产品也表现出高度热情，在移动互联网爆发的今天，网络即时通讯和C2C（电子商务）、O2O（线上对线下）等互联网产品也走进了老年群体的生活中，并给他们带来很多生活上的便利和趣味。但由于移动设备和软件系统的屏幕尺寸限制和交互逻辑的复杂性，使他们对这些新鲜事物产生恐惧心理，希望能够有针对他们的信息产品设计，或者在现有的信息产品设计中充分考虑老龄人群身体机能特点，提供简单方便的使用设计。

在老龄化社会中，通用设计对老龄人群的包容正是从不同层面的需求满足来实现的。美国著名心理学家马斯洛认为，一个国家多数人的需求层次结构，是同这个国家的经济发展水平、科技发展水平、文化和人民受教育的程度直接相关的。在不发达国家，生理需要和安全需要占主导的人数比例较大，而高级需要占主导的人数比例较小；在发达国家，则刚好相反。[81]随着我国经济建设的快速发展和社会老龄化加重，老龄人群在基本生活需求满足的同时，也开始向心理、精神需求转变。为此，通用设计取代专属设计在全社会倡导与推广更加符合老龄人群的需求满足变化，即由原来生理性的生活基本需求满足开始向关注心理、精神层面转化。

从社会、家庭到个体，老龄人群存在着不同层面的需求特征，而这些需求特征与马斯洛定义的人类五个方面的需求（见图5.2）进行比较，又形成了交叉性的需求特征系统，老年人在社会、家庭、个体休养等层面又有着生理、安全、尊重等方面的不同侧重（见表5.2）。关注不同的共性，正是现实中界定共用品范畴、实施通用设计研究的关键。

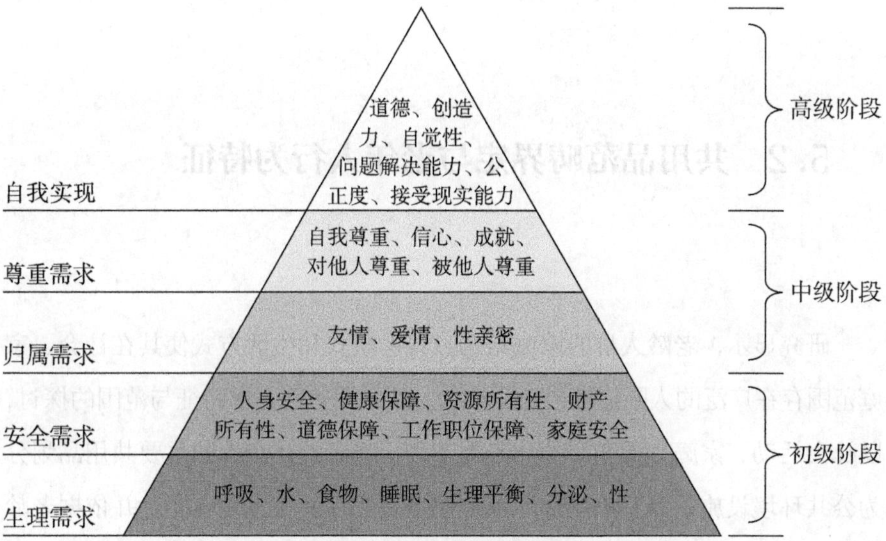

图 5.2　人类需求的层次性

图片来源：http：//www.stimetcross.blogcn.com/

表 5.2　老龄人群需求特征系统比较

需求范围	特征内容	关注层面
社会活动	能适应社会发展，独立参与社会活动，有安全保障和与其他社会人群平等的感觉，对老龄人群频繁光顾的场所的服务完善性要求较高	生理、安全、尊重
家庭生活	与家人和谐相处，尽量不因特殊需要给家庭增加经济负担，注重节俭和用品的充分利用，渴望生活劳动的简单化和习惯化	生理、安全、舒适、归属
个体休养	独立应对一般医疗保健，产品和环境符合老龄人群的身心变化，对现有信息产品既喜欢又排斥，希望能跟上时代潮流，有老年人消费的时代性产品	生理、尊重、自我实现

5.2 共用品范畴界定与老年人行为特征

研究显示，老龄人群的家庭结构、养老模式和生活方式使其在社会、家庭范围存在广泛的人际接触与社会参与。结合调查中需求特征与范围的探讨，以社会活动、家庭生活和个体休养为基础，将老龄社会中的主要共用品划分为公共环境设施、家庭共用品、选择性消费共用品（见图5.3），并依据老龄人群生理心理特征变化，展开针对老龄化社会的通用设计对策研究。

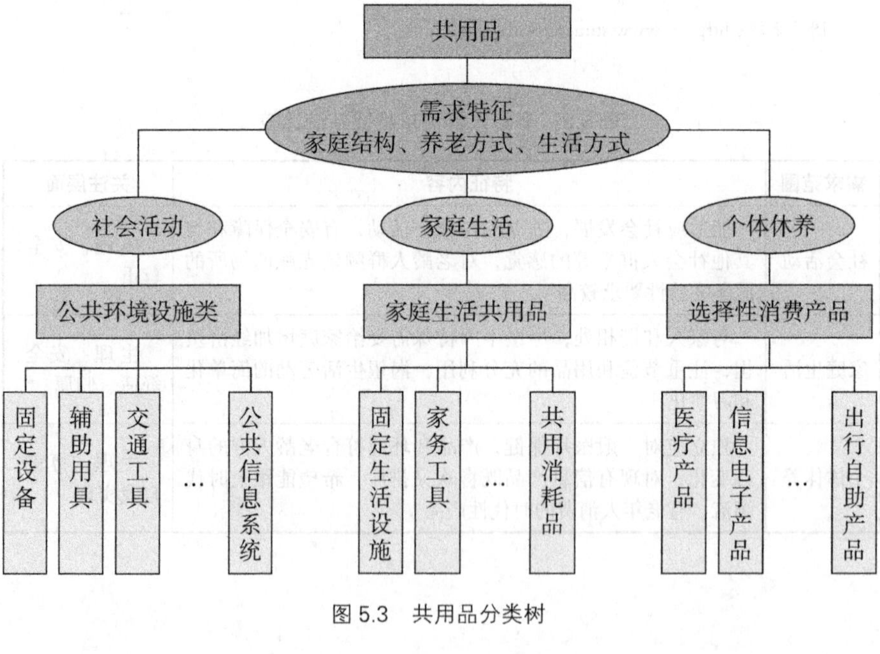

图 5.3 共用品分类树

5.2.1 老龄社会主要共用品范畴

考虑到未来以家庭为主、社区机构为辅的居家养老模式，共用品应兼顾对家居与公共活动不同特征的适应。居家环境中的产品使用，老年人在一定程度上可以获得家人的帮助和支持，抑或进行适应自身的使用改造；而在公共活动环境中，则需要老年人完全独立操作，很难寻找帮助与支持，只能被动适应。同时，公共环境中的共用品较之家庭成员差异考虑的使用人群更加广泛。因此，公共活动中的共用品设计将更为迫切，其问题解决后的社会作用也更加显著。

5.2.1.1 公共环境设施类

公共环境是老龄人群休养和参与社会活动的主要区域，依据老龄人群的活动性质和特点可以分为开敞型和封闭型。开敞型如街道、商业功能区、公交设备、社区、娱乐休闲场所；封闭型如养老院、专属的老年人活动场所等。相比较而言，公共环境从封闭型到开敞型，其设施的通用设计要求逐级提升；相反，符合开敞型环境要求的通用设计一般可以满足封闭型环境的需求。因此，本文主要针对开敞型公共环境中的设施进行通用设计研究。

公共环境设施按功能作用主要可分为固定设备、辅助用具、交通工具、公共信息系统等。

固定设备：如自动柜员机（ATM）、电话亭、候车亭、娱乐健身器、卫生间设备等，这类共用品的功能性比较明显，老龄人群在日常生活和社会活动中接触比较多。

辅助用具：如栏杆扶手、轮椅升降机、购物车等，这类产品广泛存在于各类公共环境中，对于老龄人群具有很重要的帮助作用，但往往因设计问题而使得效率低下。

交通工具：公交车、地铁等，更多地集中于考虑对老龄人群的体力行为的照顾（如老年专座），多数忽略了这一人群上下车、获得到站信息方面的需求。

公共信息系统：如银行排队机、电子地图、医院导视系统等，这类系统与现代信息技术结合比较紧密，对于普遍没有计算机操作经验的老龄人群来说具有陌生感；而传统的导视系统更多地缺乏可识别性的通用的设计考虑。

5.2.1.2 家庭生活共用品

家庭生活共用品是指老龄人群在生活中与其他家庭成员有着共同需求的一类产品，但因缺乏通用设计考虑，一般表现为两种情况：一种是老龄人群迁就其他家庭成员使用，形成某些共用品的“被动通用”；另一种则是老龄人群为满足自身需求独立使用某些专属产品或者对现有产品进行改造。无论如何，两种情况都容易在家庭成员之间形成矛盾，甚至造成某些浪费和对老龄人群的伤害。

家庭生活共用品按功能特点可以分为固定生活设施、家务工具、共用消耗品等。

固定生活设施：如卫浴设备、炊事设备、功能家具等，这类共用品在多数老龄人群家庭中是老年人接触和使用比较多，也是容易对老龄人群产生安全隐患的产品。

家务工具：如吸尘器、洗衣机、炊具、电话机等，此类产品绝大多数是针对弱势群体之外的人群设计的，因此老龄人群在使用中普遍存在着较多的认知障碍、习惯适应和肌体承受能力问题。

共用消耗品：如洗浴卫生用品、食品饮料、佐餐调料等，共用消耗品因生活必需而与家庭成员广泛接触，但其设计很少考虑老龄人群的身心特征，尤其是对具体使用情况下的识别操作缺乏深入研究。

5.2.1.3 选择性消费产品

随着社会发展和个人消费观念的转变，老龄人群在家庭生活和社会活动中，逐渐开始关注市场上的某些具有时代性的消费产品，使得原本属于常龄人群的一些产品逐渐具备共用品需求倾向，如作为生活、娱乐工具的电子信息产品。同时，由于老龄人群的养老模式和生活方式特征，某些消费产品也成为老龄人群比较关注的对象，如医疗产品、旅游自助产品等。

选择性消费共用品主要包括医疗产品、信息电子产品、出行自助产品等。

医疗产品：如家庭医疗保健器材、药品等，设计中单一关注功能技术，忽略了老龄人群这一主要使用对象，在识别操作上存在很多障碍甚至安全隐患。

电子信息产品：如个人视听、通信、娱乐产品等，虽然对大众人群很普通，但对老龄人群却是一种基于信息时代的时尚产品，对其自我实现需求的满足有积极意义。

出行自助产品：如雨伞、拐杖、电动车、背包等，这类产品实际上是一种可以辅助老龄人群出行的个体消费产品，设计中如何将对老龄人群的关照融入其中是其通用设计的考虑要点。

5.2.2 产品使用中老龄人群行为变化特征

人从出生以后开始成长，经过教育和训练，各方面的能力逐步增加，到了成人时，各方面的能力达到高峰，然后便会慢慢失去一些能力。到了中年以后，能力的丧失更快，便渐渐地依赖环境和产品的辅助，来克服功能上的衰退。到了老年，身心重要功能开始快速衰退，包括维持生活独立性的能力，例如视力、听力、肢体和心智机能方面，都大不如年轻人。老龄化趋势下的推广共用品的通用设计，关键正是寻找和比较研究老龄人群生理心理方面的变化特征，以此来指导实施策略的制定。

5.2.2.1 生理变化特征

老年人的生理特征主要是衰老或老化，医学上表现为感觉、智力减退，再生能力降低，组织器官不同程度机能萎缩，免疫力功能减退等。在影响产品使用方面主要体现在体态尺寸、力量幅度、认知能力等方面。

体态尺寸方面。图 5.4 所示为中国老龄男性与女性的平均尺度，一般老年人在 65~70 岁时身高会比年轻时低 2.5% ~ 3%，老龄女性甚至可能达到 6%。[82] 这种身体尺寸上的降低对其使用设施、产品操作的部件（如把手、按钮）高度形成了非常明显的影响；另外，老龄人群由于骨骼、肌肉、筋腱的老化，肢体伸展能力大大萎缩，很难完成具有一定幅度的动作，如下蹲、摸高、拉伸等。

力量幅度方面。与青壮年人群相比，老年人的手部力量下降 16% ~ 40%，臂力下降约50%，腿部力量下降约50%，这些变化主要影响老龄人群实施抽拉、蹲起动作等，同时也会对其动作的精确性、持久性产生影响。

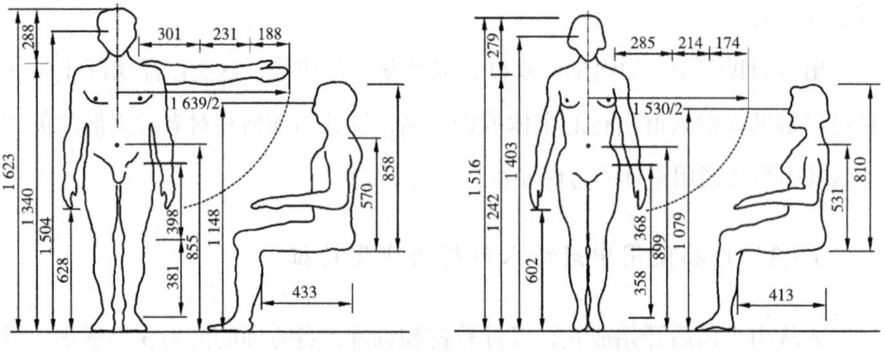

图 5.4 老年人身体尺寸变化（单位：mm）

认知能力方面。随着年龄增长，老年人的认知能力出现不同程度的衰退，表现在感觉、视听和记忆等方面。

老年人感觉能力的变化包括皮肤感觉和前庭感觉（平衡感觉）的退化。皮肤感觉包括触觉、温度觉和痛觉。由于皮肤内的细胞退化，老年人的触觉减退，对细微接触变化不敏感；痛觉和温度觉变得相对迟钝，以致难以及时躲避伤害性刺激的危害。另外，老年人前庭感觉功能减退，维持身体平衡的器官也出现机能退化，容易因失去平衡或姿势不协调而造成意外事故。

老年人视听能力的变化，在听觉上表现出生理性的听力减退乃至耳聋。视觉则由于眼睛的聚焦速度变慢，反应时间加倍，视觉感官的调节功能减退，出现视野狭窄、对光亮度的辨别力下降；而且由于眼睛中的聚焦体变黄，颜色分辨能力也会随着年龄增长而减弱，眩光使眼睛暂时失明的时间加倍，对颜色、光线的倾向更加柔和和明确。

老年人的记忆力衰退主要表现为：记忆的生理性老化和病理性变化。生理性老化是一种正常老化，一般表现为初次记忆较好，与青年人差异不显著，再认能力明显比回忆能力好，意义和经验性记忆比机械记忆减退缓慢等特点。记忆的病理性变化往往与躯体和心理健康有关，是由疾病引起的，属于异常的老化，而且往往不可逆转。老年人记忆的正常老化是可以延缓和逆转的，具有一定的可塑性，如果采取适当的干预措施，可以在一定程度上恢复。

5.2.2.2　心理变化特征

老年人由于衰老和疾病的影响，心理改变很大，往往对身体机能过于关注，自尊心强，固执，易激动，生活单调刻板，不愿改变过去的生活习惯，不易适应新环境等。与产品使用关系密切的具体表现有以下几点。

精神易兴奋和易疲劳交织。精神易兴奋是老龄人群最常见的心理症状，有时还伴有躯体疲劳。易兴奋主要表现为联想与回忆增多，思维内容杂乱无意义，容易感到烦恼、苦闷、压抑；注意力不集中，易受无关因素的干扰。这些心理因素变化在产品使用中如考虑不周，则可能因一个细微的操作困难而引起老年人的不良情绪反应，影响其正常生活。

情绪不稳定，自控能力差，经常被负面情绪控制。容易产生抑郁、焦虑、孤独感、自闭等心理。对外界的人和事漠不关心，不易被环境激发热情。这些变化使得老年人在生活和社会活动中降低了主动参与意识，设计中应积极引导，为其提供能够激发生活情趣和正面鼓励的产品使用。

趋向保守，固执己见。许多老年人在多年的社会实践中，养成了一定的生活作风和习惯，随着年龄的增长，这些作风和习惯不断受到强化；往往容易坚持自己的意见，不愿意接受新事物、新思想，很难正确认识和适应生活现状。设计中如何将新事物、新功能与老龄人群的习惯意识融合是解决这类问题的关键。

喜安静但不耐寂寞。多数老年人由于神经抑制高于兴奋，故不喜嘈杂、喧闹的环境。公共环境的设计在这方面应侧重给以关注，尤其是老龄人群集中趋向的场所。

希望健康长寿。老年人都希望自己有一个健康的身体，不给后辈增加负担，尽可能延年益寿，能够看到自己的愿望实现和社会进步。因此，老龄人群在使用选择上更加关注产品设计的安全性、舒适性和健康性。

人到老年，由于相同的生理变化基础，心理变化也有稳定的共性规律。此外，于不同年代出生的群体在进入老年阶段后心理变化必定有其特有的时代印记，对于发展中的群体设计对策和着重点也应是动态发展的。比如相对于曾生活在物资匮乏年代的老年群体，“70后”“80后”“90后”群体对个性化产品的需求更加旺盛。当他们成为老年人群的主体时该如何平衡产品通用性和个性化需求的矛盾值得深思。

5.3 关注老龄人群的共用品通用设计

通用设计是一种理想目标追求，现实中依旧要考虑制造成本、资源配置、使用效率、资金回收等实际问题。因此，在具体实施中不宜绝对化和全社会化，要灵活考虑，结合相应的产品范畴有针对性地推广。

在老龄化社会中，基于人群结构及其生活、社会活动方式以及休养模式的变化，探讨共用品的使用范畴，要在社会、家庭、个人选择三个层面开展通用设计研究，比较分析其中的通用设计要点，以便作为归纳老龄社会实施通用设计策略的依据。

5.3.1 公共环境设施的通用设计

5.3.1.1 公共环境设施的共用性问题

公共环境指的就是公众共用的环境，是生活中除了私人环境以外的环境。不同功能和范围界定的公共环境是为了满足人们不同的行为目的，完成不同的工作。长久以来，社会环境的方方面面仅适合身心功能完好、有完整能力的人群，除此之外的社会群体利益则被忽视了。《联合国残疾生活环境专家会议报告书》中就曾提到，“我们所要建立的城市，是正常人、病人、孩子、青年人、老年人、残疾人等没有任何不方便和障碍，能够共同自由地生活与活动的城市”。[83]

随着老龄化社会的深入，公共环境的良好通用性显得更为重要，其有助于增强老年人的生活自理能力，减轻社会负担，间接推动社会发展。作为公共环境主要组成部分的设施系统已经成为老龄人群平等参与社会的媒介和基本保障，提高其整体的通用性和使用效率，不但可以提升公共环境质量，起到协调稳定社会的作用，还有利于资源的有效利用，减少不必要的浪费。

公共设施的共用性设计开始表现为无障碍设计理念的贯彻，也就是对社会弱势群体的关怀性设计，这其中也包括对老龄人群的需求考虑。但在调查研究中发现，公共环境中使用人群多样化，导致在需求与现状之间往往存在着很多矛盾：一方面，专门为某一人群考虑设计的公共设施，有时却为另一些人群带来不便，如狭窄人行道上的盲道给轮椅使用者或老龄人群在一定程度上带来了不便，为轮椅使用者设计的坡道对于拄拐杖的老龄人群来说行走则变得困难。另一方面，公共设施的设计缺乏系统化，专为老年人、残疾人使用的无障碍设施使用率较低，没有充分发挥资源的效用。为此，老龄化社会中公共环境设施关注老龄人群主要可从两个方面把握。

首先，满足老龄人群需求应以不影响其他人群便利使用为前提。公共设施遵循通用设计理念，在设计中考虑尽可能多地适应不同使用者，可以为健康或残障、年幼或老龄等不同的使用人群能够共同使用。老龄社会中通用设计关注老龄人群，在公共环境设施的设计中往往会增加设计内容或改变原有使用形式，但无论如何，这些通用设计措施都不应给其他人群造成新的障碍或排斥。

其次，公共设施个体功能完善中保证设计要系统化。随着社会发展和公共活动增多，公共环境与设施的种类更加繁杂，协调处理各种公共设施本体以及相互之间的组织形式和功能使用的关系，逐渐成为老龄化社会中通用设计考虑的重要内容。公共设施的系统化，一方面强调标准化、模块化，使公共设施产品降低运输成本，在安置装配中可以减少现场施工，最大限度降低对周边环境的破坏，减少噪声、空气等各种污染；另一方面，系统化的设施考虑人群差异、功能组合等问题，有助于提高设施的使用效率，吸引更加广泛的使用人群。公共设施的通用设计，不是仅限于传统意义上的如盲道、盲文、坡道、扶手、高低差异设备等常见的无障碍设施，而是向一切人群提供他们可以接受的需要帮助方式。如：多元化的信息系统、各种便捷的服务、人性化的界面，以及可以减轻服务员负担而提高效率的电子信息系统，等等。

5.3.1.2　案例研究

对环境公共设施类共用品，本课题以社区、超市和医院为研究对象，对社区设施、超市购物系统、医院导视系统等方面存在的通用性问题进行实际调查研究，如图 5.5 所示，通过入户访谈、实际观察和案例研究，梳理公共环境设施通用设计中的基本要点。

调研地点：北方工业大学家属区
地理位置：北京市石景山区
调研时间：2008年3月25日

图 5.5　现场调研访谈

调查研究 1：社区

调研中发现，目前的社区环境设施虽然有很大改善，但在关注老龄人群的身心特征方面的设计考虑仍较为欠缺，基础设施缺乏细节设计，而这些恰恰是老龄人群在使用过程中容易感到不便利和存在危险的地方。以道路和座椅为例，如图 5.6 所示，在设计中缺少对适合老龄人群的通用性考虑。

道路：铺装的材料有的肌理过于凹凸不平，对老年人行走造成不适甚至危险，个别障碍物虽有保护措施，但对早晚散步的老年人仍存在危险；草坪中或道路上的汀步设计较少考虑老龄人的步幅限度，一些美观性的设计对老龄人使用存在障碍或不适。

调研地点：石景山远洋山水小区
地理位置：北京石景山区西长安街沿线，南临莲石路，地铁1号线和20余条公交线路经过
建成年代：2006年年底
调研时间：2008年3月20日

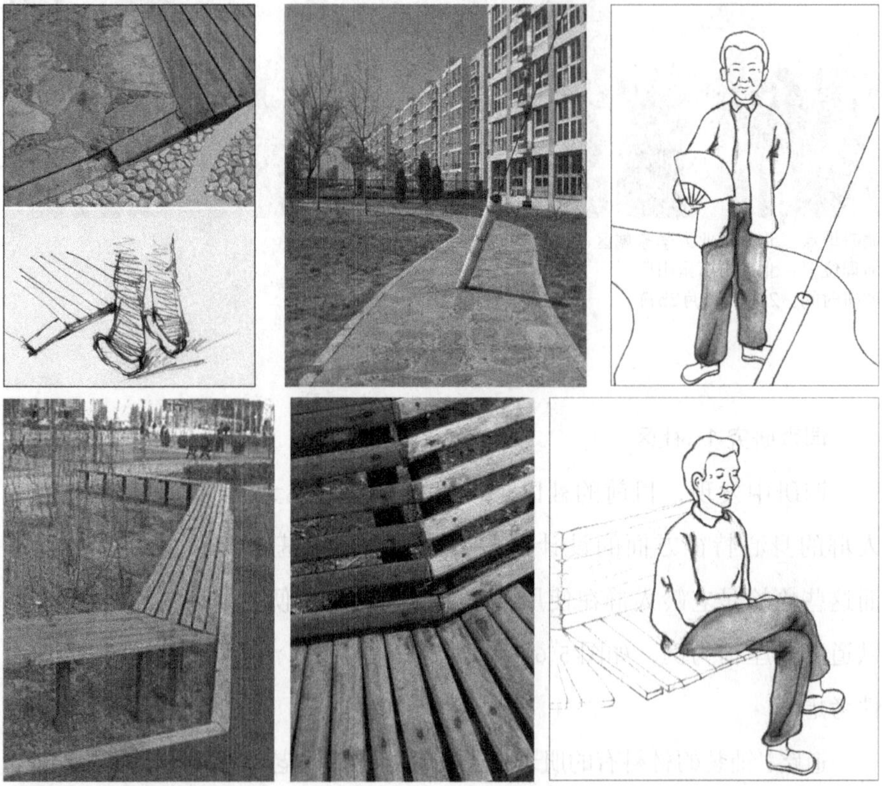

调研地点：回龙观龙锦苑二区
地理位置：北京市昌平区，回龙观居住区的东部，附近有多条公交线路以及地铁13号线
建成年代：2004年
调研时间：2008年3月28日

图 5.6　社区环境设施

座椅：多为石材或木条形式，没有考虑到老龄人群怕凉、身体消瘦不耐硬物压迫等特点，应在顾及形式美观的基础上提高针对老龄人群的使用舒适性，同时，座椅的设计应有利于老龄人群的交流，增强其参与大众的机会和意识。

调查研究 2：医院

在对医院的调查中（见图 5.7）发现，医院中的标识缺少对老龄人群视觉能力衰退的考虑，如图 5.8 中的卫生间标识色彩设计，图 5.8（a）中的色彩标识对比度偏低，而图 5.8（b）中仅仅靠图形和文字区别指示，缺少色彩对比的辅助设计，两种情况都不利于视力减退的老年人识别。

访谈地点：北京空军总医院
访谈时间：2008年12月10日
访谈对象：女（74岁）
职业：退役军人（飞行员）

访谈地点：北京空军总医院
访谈时间：2008年12月10日
访谈对象：女（69岁）
职业：退役军人

访谈地点：北京石景山医院
访谈时间：2008年12月15日
访谈对象：女（62岁）
职业：退休教师

图 5.7 就医老龄人群访谈

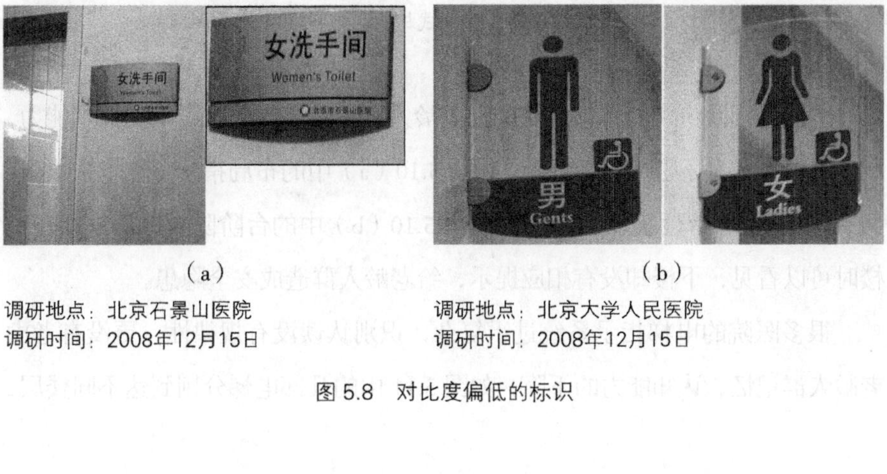

（a）

调研地点：北京石景山医院
调研时间：2008年12月15日

（b）

调研地点：北京大学人民医院
调研时间：2008年12月15日

图 5.8 对比度偏低的标识

如图 5.9 中，医院的很多信息传递没有考虑老龄人群的视觉识别能力下降和对光线、色彩的感知变化，如字体过小、色彩纷杂、眩光等，造成老龄人群在就医中不能方便准确地获得所需要的相关信息，增加了病患之外的心理压力。

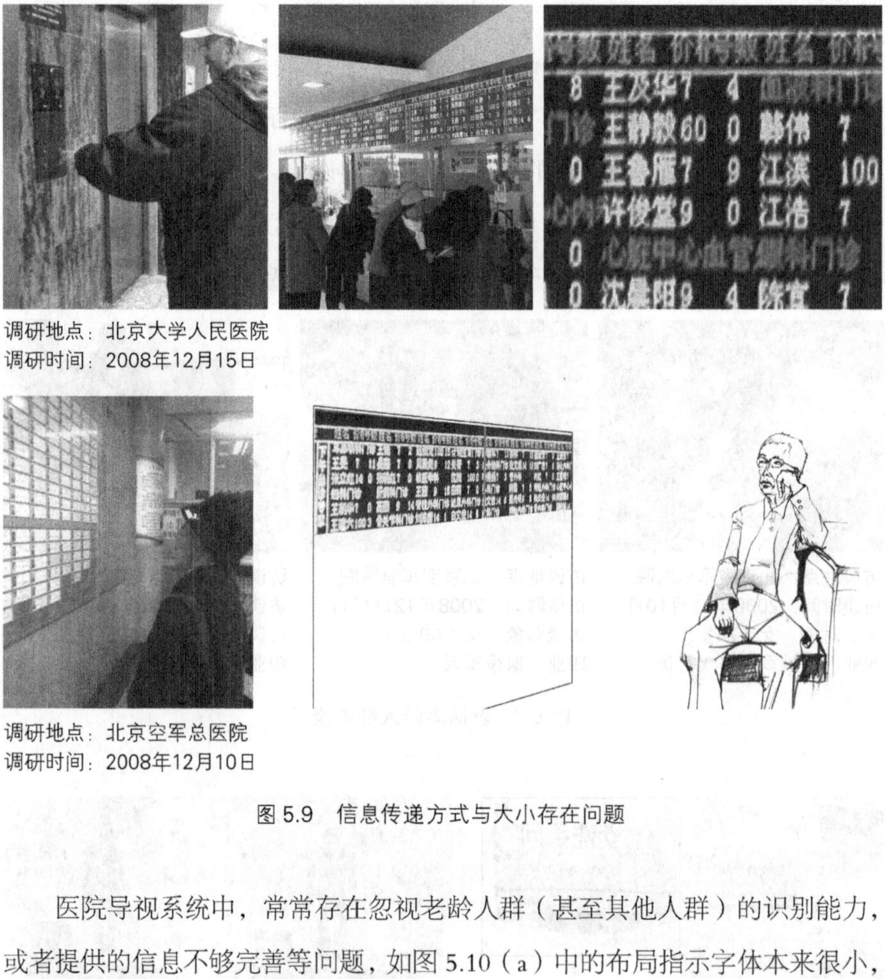

调研地点：北京大学人民医院
调研时间：2008年12月15日

调研地点：北京空军总医院
调研时间：2008年12月10日

图 5.9　信息传递方式与大小存在问题

医院导视系统中，常常存在忽视老龄人群（甚至其他人群）的识别能力，或者提供的信息不够完善等问题，如图 5.10（a）中的布局指示字体本来很小，又有台阶阻隔，识别起来更加困难；图 5.10（b）中的台阶防滑标识只有在上楼时可以看见，下楼却没有相应提示，给老龄人群造成安全隐患。

很多医院的电梯指示系统过于复杂，识别认读没有规律性，更没有考虑老龄人群记忆、认知能力的下降，如图 5.11 中的几部电梯分别到达不同楼层，但指示说明形式完全一样，需要在比较详细内容后才能识别清楚，不符合老龄人群的记忆和认知能力，给其使用带来了很大不便。

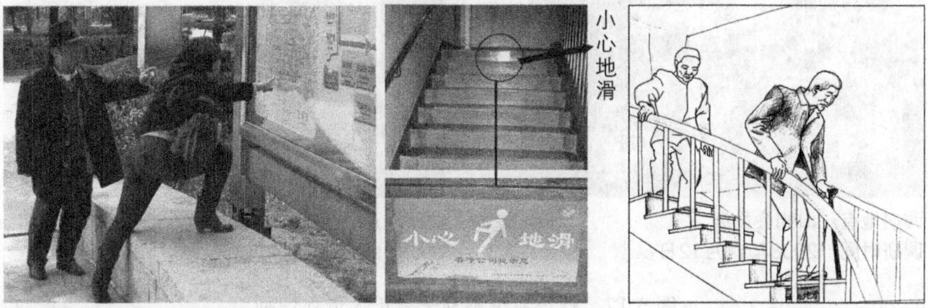

（a）　（b）　（c）

调研地点：北京大学人民医院　调研地点：北京大学首钢医院

调研时间：2008年12月15日　调研时间：2008年12月15日

图 5.10　信息设置方式、位置问题

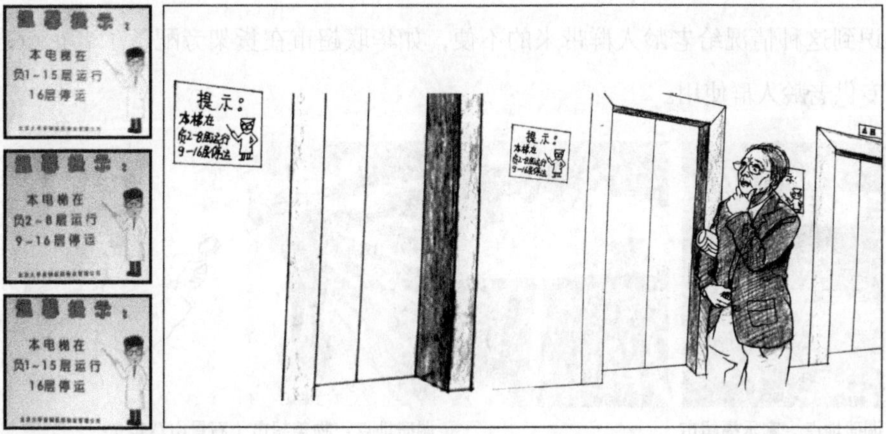

调研地点：北京石景山医院

调研时间：2008年12月15日

图 5.11　信息复杂不明确

调查研究 3：超市

老龄人群机体老化，对于大幅度动作不易完成，如图 5.12 所示，超市中悬挂较高的标识和指示系统虽然远处观看醒目，但在近处时因为老年人抬头仰视困难，所以不适宜其就近观看。

调研地点：山姆会员店
调研时间：2008年11月12日

调研地点：乐天玛特超市
调研时间：2008年11月12日

图 5.12　标识系统不利于老年人近处识别

如图 5.13 所示，超市货物指示价签的字体过小，货物摆放位置偏低，都不利于老龄人群的识别和取放，尤其是在货物类似的情况下，标签的醒目和可识读性对老龄人群的心理影响非常大。在调研中也发现，有的超市已经意识到这种情况给老龄人群带来的不便，如华联超市在货架旁配备了老花镜，专供老龄人群使用。

调研地点：家乐福超市
调研时间：2008年11月12日

调研地点：物美超市（石景山八角）
调研时间：2008年11月12日

图 5.13　标识字体太小和位置不当

如图 5.14 所示，售货设施的距离和高度设计上忽视了老龄人群的动作能力和幅度，操作距离过大或者货物摆放过高，尤其是老龄人群选购比较集中和频繁的日常生活用品应放置于适当高度上，以避免老龄人群在购物拿取中产生伤害。

调研地点：山姆会员店
调研时间：2008年11月12日

图 5.14　设施尺度不适合老年人

如图 5.15 所示，超市货架通道设计缺乏对老年人身体变化特征的考虑，更没有关注老龄人群的差异性，如行动迟缓、动作幅度等，为老龄人群在选购商品中的行动和识别带来许多不适。

调研地点：家乐福超市
调研时间：2008年11月12日

图 5.15　货架间隔的不适应

5.3.1.3　公共设施通用设计要点

通过上述社区设施、医院导视系统和超市设施的典型问题分析，对老龄化社会中公共环境设施通用设计的一些主要关注点可归纳如下：

作为社会全体参与使用的公共环境，其设施的通用设计应该优先考虑能力相对较弱的人群需求。这样不仅能使环境设施满足大多数群体的需要、节约成本，同时也对广泛的弱势人群形成一种人性化的保护和关爱。

设施在形式、材料等方面应安全可靠，不产生环境或精神干扰；一类设施的设计或通用性考虑不应影响其他设施的方便使用或通用性。

与设施接口的通道、操作空间要满足大多数使用人群需求，包括行动不便、体型特殊和乘坐轮椅者；对人群有障碍阻挡或可能伤害作用的设施，应在视线高度进行提示性设计，如使用色彩或条纹。

各类设施主要操作界面应尽量在人体自然操作姿势的视线和触及范围之内，避免过高或过低造成的使用不便，如果产品的操作时间或等待时间过长，应设置方便抓握及扶靠的辅助设施。

相对复杂的信息传递或功能操作应有使用提示，并安排在显要、易发现的位置，提示方式选择老龄人群易于接受的形式或考虑其相应机能变化特征。

当不能由一种或一个设施兼顾所有人群或功能时，可以进行分体产品或可调节产品设计，并使其尽量满足最大范围使用群体的需求。

公共信息系统应提供多种信息传递方式，如语音、色彩、文字（盲文），其设计要适应老龄人群的生理心理变化特征。

5.3.2 家庭共用品的通用设计

与老龄人群参与社会活动不同，其在家庭生活中涉及的共用产品没有公共设施那样繁杂多样，相关的人群也是局限在不同家庭成员之间。但正是因为这些，家庭中的共用品通用设计考虑往往被忽视，更多的是通过购置专属产品或改造现有产品来满足老龄人群的使用。调查中发现，对于这一现象，绝大多数老年人更希望能够有可以和家人共同使用的相关设施、产品，或者是能够比较舒适地使用家中的各种用具，从而达到分担家务劳动和减少家庭负担的目的。

5.3.2.1 家庭共用品中老年人使用问题

由于家庭的人员组成不尽相同，产品使用需求也各有特点。老年人由于身体的原因，在很多方面难以和家庭中其他成员共同使用一些并没有考虑其身心变化特征的产品或设施，造成了生活上的不便甚至家庭矛盾。

通过调查研究，家庭共用品中老年人使用问题主要表现在以下几个方面。

操作尺度与空间问题。绝大多数家庭中，家具尺度、功能空间都是按常规标准设计实施，但实际上相当一部分对象又可能是老年人使用操作比较多，如家务劳动、三餐炊事等，而老年人由于身体萎缩、行动迟缓、适应性差等特点，对一些家庭设施、用具很难舒适使用，甚至有的还会造成危险。

操作识别与操作力问题。由于身体机能退化，正常青壮年能够轻松完成的操作或设计理解，对老年人却可能变成难以逾越的困难。而家庭生活中这种频繁的产品使用障碍和挫折，势必影响老年人的正常健康生活，影响家庭和谐。

感受与承受问题。相比于家庭其他成员，老年人的承受能力减弱，尤其是对一些需较大体力付出的劳动以及温度的大幅度变化。例如，多数老年人对洗浴比较排斥，主要原因除了体力消耗，还有对于温度舒适要求与常龄人有很大差异；重体力家务劳动也是老年人难以承受的，他们更希望有合适的产品来帮助其完成家务，对于不便操作和难以使用的家务工具，老年人有时甚至舍弃而选择采用自己习惯的方式替代。

5.3.2.2 案例研究

对老龄人群家庭生活共用品使用的研究，本课题以厨房和卫生间的设施、产品为研究对象，对厨卫空间、设施尺度、产品尺度重量、操作模式等方面存在的通用性问题进行实际调查，通过入户访谈、实际观察和案例研究，在比较分析存在问题的基础上，梳理了家庭生活共用品通用设计中的基本要点。

调查研究 1：厨房

以常规标准制作的厨房设施，其尺度和空间布局没有考虑老年人的身体机能特点，如图 5.16 中所示，储物空间设置太高或太低都不利于老年人操作，这既降低了使用效率，又在无形中埋下了危险隐患，对老年人家务活动的舒适性影响很大；同时案台的高度应考虑老龄人群的身体变化，适当降低或者做可调节处理。

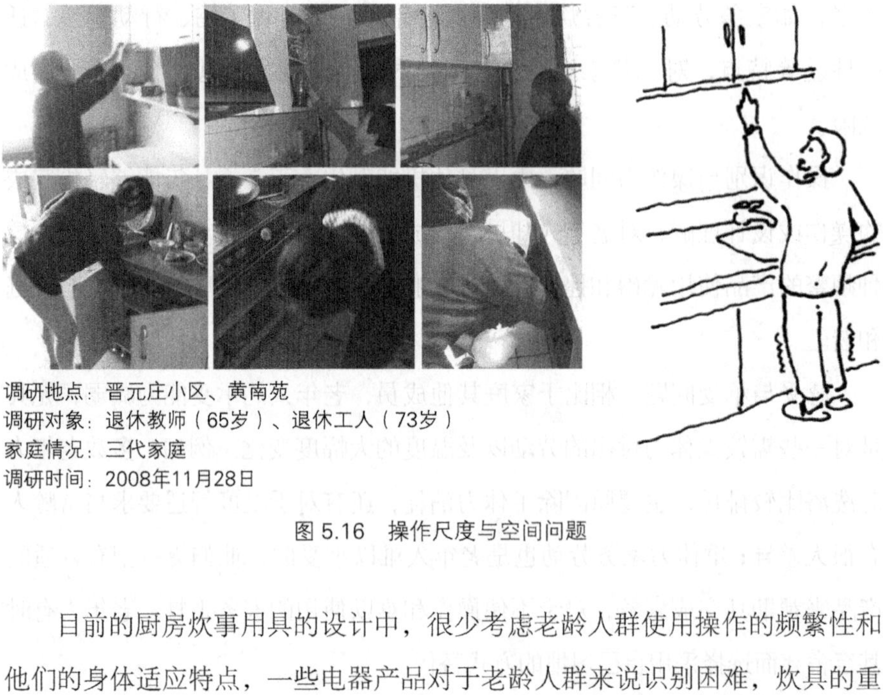

调研地点：晋元庄小区、黄南苑
调研对象：退休教师（65岁）、退休工人（73岁）
家庭情况：三代家庭
调研时间：2008年11月28日

图 5.16　操作尺度与空间问题

目前的厨房炊事用具的设计中，很少考虑老龄人群使用操作的频繁性和他们的身体适应特点，一些电器产品对于老龄人群来说识别困难，炊具的重量、持握等方面的设计也超出老年人手臂的承受能力，影响使用时的心情，增加了他们的体力付出和危险性，如图 5.17 所示。

老年人在洗浴时对温度的感知不很明显，容易着凉或烫伤，对温度的显示和调节的准确识别判断非常重要。图 5.18 中左边的热水器温度显示位置过高；右上图中虽然角度位置合适，但色彩昏暗，不易看清楚；右下图中的位置、形式都比较直观，适合老龄人群准确认知。

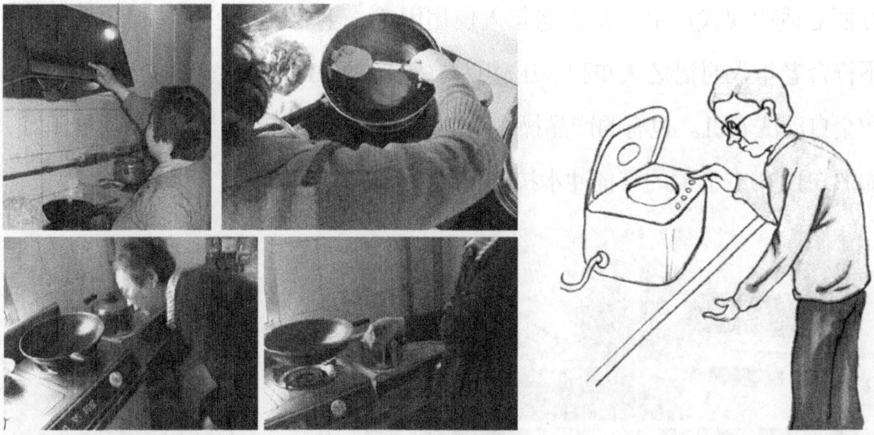

调研地点：晋元庄小区、黄南苑
调研对象：退休教师（65岁）、退休干部（63岁）
家庭情况：三代家庭
调研时间：2008年11月28日

图 5.17 使用识别与操作力问题

调查研究 2：卫生间

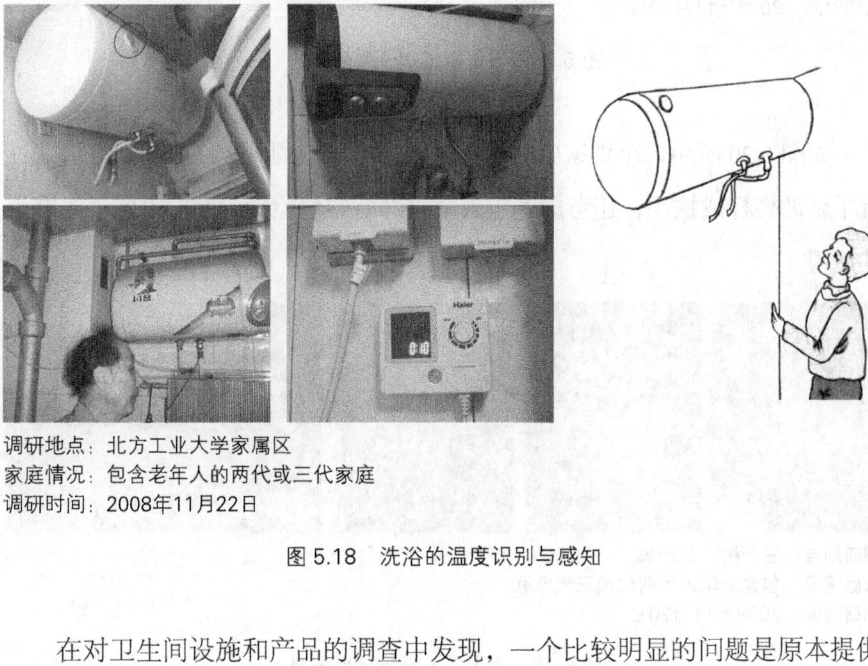

调研地点：北方工业大学家属区
家庭情况：包含老年人的两代或三代家庭
调研时间：2008年11月22日

图 5.18 洗浴的温度识别与感知

在对卫生间设施和产品的调查中发现，一个比较明显的问题是原本提供方便舒适的现代产品，却令老年人使用困难，主要表现在操作程序太烦琐，不符合老年人的记忆认知和触压感觉能力，如图 5.19 中左边的自动冲水马桶和全自动洗衣机。也有的产品操作设计忽视了老年人使用中的动作幅度困难，如图 5.19 中右上侧的马桶冲水按键。

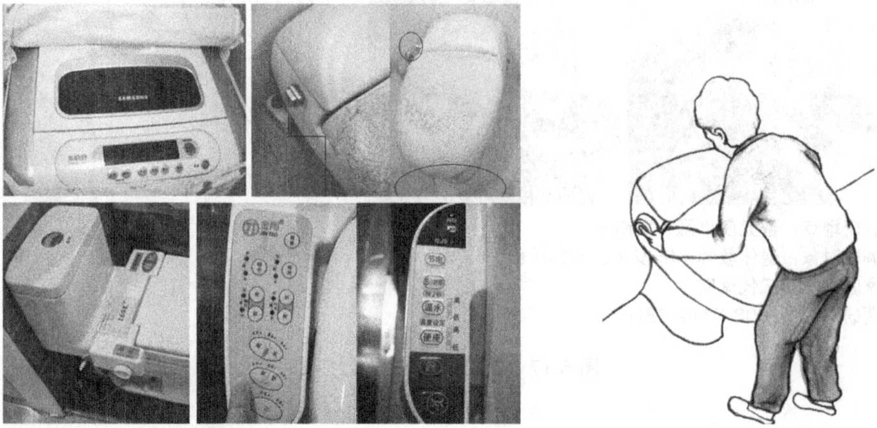

调研地点：三元桥　凤凰城
家庭情况：包含老年人的两代或三代家庭
调研时间：2008年11月20日

图 5.19　操作模式和位置的问题

如图 5.20 所示，个别家庭对于老年人的考虑很周到，在卫生间洗浴区设置了辅助栏杆或扶手，还考虑老年人站立淋浴的危险性，专门设置了浴缸为其使用。

调研地点：三元桥　凤凰城
家庭情况：包含老年人的两代或三代家庭
调研时间：2008年11月20日

图 5.20　为老年人设置辅助器具

如图 5.21 所示，调研对象的多数家庭都同样存在一个问题，那就是因为不同代人的共用品缺乏，个人用品很多，一方面浪费严重，另一方面使卫生间环境凌乱，各种卫生产品的伤害性增加，加大了老龄人群使用时的危险性。

调研地点：北方工业大学家属区
家庭情况：包含老年人的三代家庭
调研时间：2008年11月22日

图 5.21　个人用品过多使空间凌乱

在调查访谈中还得知，卫浴环境设计对脱换衣物的放置考虑较少，即便有考虑，也存在取放的不便；盥洗台高度偏低，老年人在盥洗时头颈部弯曲较大，吃力且容易摔倒；在使用轮椅时，不可调节的洗脸台高度可能不适宜；浴室中缺少与外界联系（通话）的装置，与家人沟通困难。老年人希望洗浴时有合适的不影响浴室空间环境的休息装置。

调查研究 3：家务工具（案例分析）

多代人家庭中存在一个非常普遍的矛盾现象：家庭中的很多家务设备、器具常常由子女购买，而在家务劳动中又多由老年人使用。一方面，老龄人群长年形成的生活和使用习惯，不容易接受新的家务工具，尤其是具有一定科技含量、需要通过学习复杂的说明书和反复试用才能掌握的电子产品；他们更偏好传统、简单的操作体验。另一方面，随着科技发展，老龄人群又越来越难以回避现代家务工具，出于对子女的爱护和自尊，他们又希望能够面对那些操作精细的现代家务产品。

很多年轻人在家中都有这种经历，家中老年人在做家务时经常请求帮助，比如：对家用电器的开始和结束操作不明白或操作识别不理解，没有力气打开容器或操作器具，身体活动能力不足以自由使用工具，等等。这些问题的存在，多数是由于设计中没有考虑老龄人群所致。针对家务工具，通用设计应重点考虑购买者和使用者之间的转化，要提升作为家务工具的产品在多代人家庭所能适应的人群范围，将老年人包容在内，使其能从心理上接受，主动认知，从生理上能够舒适操作。

如图 5.22 所示，1991 年 Fiskars 公司设计的“软接触”（Softouch）剪刀既适合右手使用，也适合左手使用，宽大、软质的抓握部位可以更好地分配手掌压力，闭合锁和自动张开弹力装置，消除了撑开剪刀力量消耗。[84] 这些细微的通用设计考虑非常符合老龄人群的使用特征，也可以为所有人接受。

图 5.22 软接触剪刀

图片来源：James J P.Transgenerational Design：Products for an Aging Population［M］.New York：Van Nostrand Reinhold Co，1994.

又如图 5.23 所示，松下 NA-V80GD 斜式滚筒洗衣机，关注老年人等障碍人群的行动不便，如蹲起、弯腰等，充分考虑所有人的使用情况，创造性地将滚筒洗衣机的前开门倾斜了 30°，与传统顶开门和前开门式洗衣机相比发生了革命性的变化，提供了一种平等、安全、方便的使用形式。同时，倾斜的滚筒省水 50%，34 分贝的运转噪声显得更加安静。[85] 这些方面的改进又符合了通用设计的平等、经济、宽容等多方面原则。

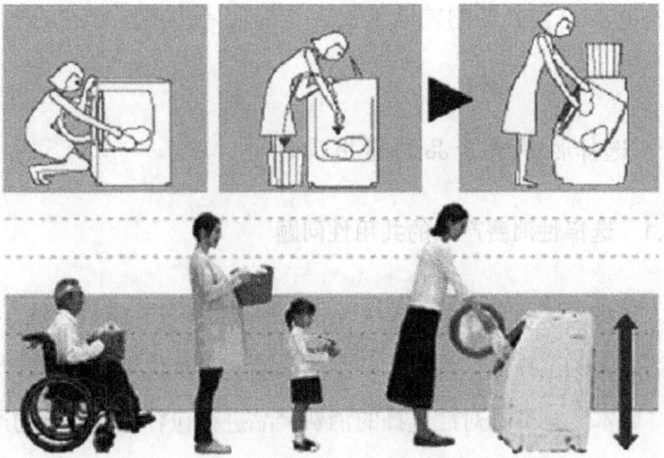

图 5.23 松下 NA-V80GD 斜式滚筒洗衣机

图片来源：Google 网站 http：//images.google.cn/

5.3.2.3 家庭共用品通用设计要点

通过上述家庭厨卫设施、用具和家务工具的典型问题分析，对老龄化社会中家庭共用品通用设计的一些主要关注点可归纳如下：

家庭共用品应考虑老年人和不同代人生活习惯的包容性，尤其是使用中安全隐患的消除。

家具设计要考虑老年人的动作幅度、身体萎缩和记忆减退等特征，在尺度、储藏形式（如透明）上应有完善考虑。

家务工具在识别、操作上应减少烦琐程序和重体力付出，以简单直观的模式适应老年人的身心负担能力；对多功能并有复杂操作程序的家电产品，分拆成只有简单功能便于操作的家电产品，起到提供选择、优化消费的作用。

家庭共用消耗品的包装设计应考虑老年人的开启、识别。老年人由于身体原因和长久养成的习惯，对消耗品的选择可能和不同代人存在差异，为了形成居家共用消耗品的通用性，实现对资源的节约利用，设计应从研究不同代人的身体、兴趣共性上去考虑。

厨卫空间要设置必要的辅助部件，空间要考虑不同状态的老年人使用舒适。

5.3.3 选择性消费产品的通用设计

5.3.3.1 选择性消费产品的共用性问题

老年人有他们特殊的需求与爱好，对这种需求的考虑和满足，可以增大老年人生活内容的选择性，为提升其生活品质、丰富晚年休养内容开拓渠道。同时，将“原本”具有针对性选择的消费产品进行包容老龄人群的通用设计，在深入研究、理解使用者的基础上，使产品可以让不同人用同样或不同方式达到使用目的，促进现代科技成果做更加广泛的产品转化，充分实现“物”的利用价值。

在老龄化社会中，老龄人群的选择性需求主要表现为个体休养功能，包括医疗保健、娱乐、出行自助等方面。

在医疗保健方面，主要表现为保健产品与医药两大类。保健产品的功能设计比较多的是针对老龄人群，但在使用方式上忽略老年人身心特征的情况依然存在，缺少系统深入的老龄人群使用研究。药品是老龄人群接触频繁的一种选择性消费产品，在识别、操作上与常龄人有很大差异，而目前的药品设计基本上是一种以标准化大众为对象的思考模式，缺乏对药品频繁使用的老年人这一特殊群体的关照。

在娱乐产品方面，由于物质文明高度发达、产品技术快速发展，层出不穷的现代高科技产品具有种种新颖强大的功能，并深刻影响到社会活动模式、生活方式等方面，老龄人群在这种现代潮流面前也逐渐发生了价值观念的转变，开始向年轻人靠拢，参与现代生活、体验科技成果的意识越来越强烈。而目前绝大多数科技产品的设计定位并没有考虑老龄化社会中这一庞大人群的切实需求，使得老龄人群无法使用高科技产品而越来越脱离社会。以信息产品为例，目前的信息产品设计很少考虑到老年人的需求，使其在使用信息产品过程中总是遇到挫折，导致自信心受到打击，产生一种不平等待遇的感觉。

在自助出行方面，老龄人群与其他人群的需求相似，如背包、雨伞等。但在设计中这类产品很少考虑老龄人群的特殊需要和身体特征，如背包对于肢体灵活性衰减明显的老年人没有应对性考虑，造成其取放不便；而一些出行常用产品的设计如能结合老年人身体能力衰退的特点增加某些功能（如雨伞做拐杖），则可以在满足大众人群的同时，也关注老龄人群的切身需求。

5.3.3.2 案例研究

对老龄人群选择性共用品，本课题以药品、电子信息产品、出行工具为研究对象，通过实际访谈、观察和案例研究，如图 5.24 所示，在比较分析存在问题的基础上，梳理老龄人群选择性消费产品通用设计中的基本要点。

调查研究 1：医疗药品

调研地点：古城公园、八角雕塑公园
地理位置：北京市石景山区
调研时间：2008年3月22日

图 5.24 调研访谈现场

多数老年人对药品的包装有看法，除去经济性和认为过度包装浪费外，主要问题集中在针对老年常见疾病的药品包装与其他药品没有区别，说明文字都很小，视力减退的老年人很难看清楚，尤其是用法、用量没有突出标记，容易服用错误，如图 5.25 所示。

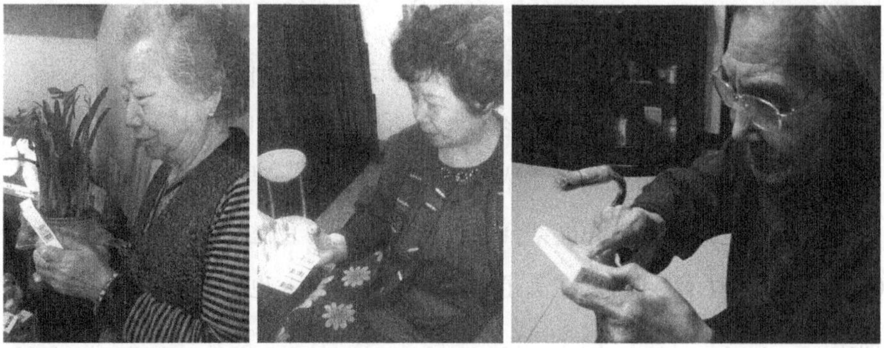

调研地点：八角北里社区、西山枫林
地理位置：北京市石景山区
调研对象：退休干部（74岁）、退休教师（63岁）、退休干部（75岁）
调研时间：2008年3月22日

图 5.25 说明文字不易识读辨认

另外，如图 5.26 所示，包装的形式也很少考虑到开启的方便，老年人的手部力量和细微操作能力下降明显，对蜡丸、圆形瓶以及密封锡纸的开启操作很不适应，在服用药品时经常因为打不开或弄坏包装而影响情绪，某些急救药品（如速效救心丸）有时因错过服药最佳时间甚至导致生命危险。如果能够参考图 5.27 所示对包装和密封形式进行处理，则会大大方便老龄人群的使用。

调查研究 2：信息产品（案例分析）

图 5.28 所示是任天堂公司研制的 Wii 游戏机，其独特的交互方式突破了一度被认为不可能跨越的年龄障碍。本来针对年轻人的游戏机，却受到众多老年人的欢迎，在美国的全美养老中心已经安装了超过 1.9 万台 Wii 游戏主机。

老年人运动能力下降使他们不能像年轻时一样参加各种运动项目，尤其是一些较为激烈的体育项目。Wii 的创新在于它将游戏的操作从鼠标和键盘变为更自然的交互方式，只需要做出动作就可以模拟完成游戏内容，使一些行动不便的老年人能够参与，并在游戏中与其他人完成互动。这一方面给老年人带来了年轻时的运动体验，同时通过游戏将老龄人群与其他人群或其家庭成员联系起来，促进了交流。

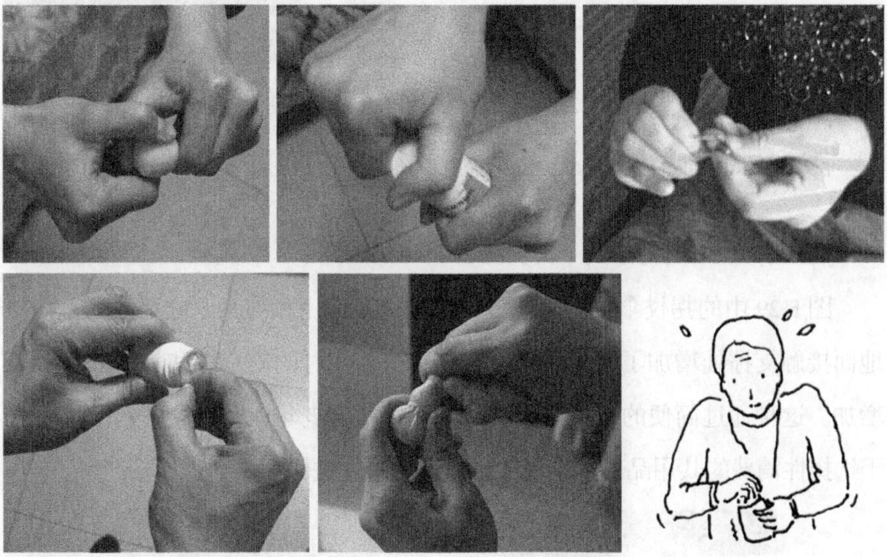

调研地点：八角北里社区、西山枫林
地理位置：北京市石景山区
调研对象：65~75岁老人
调研时间：2008年3月22日

图 5.26　包装不易开启

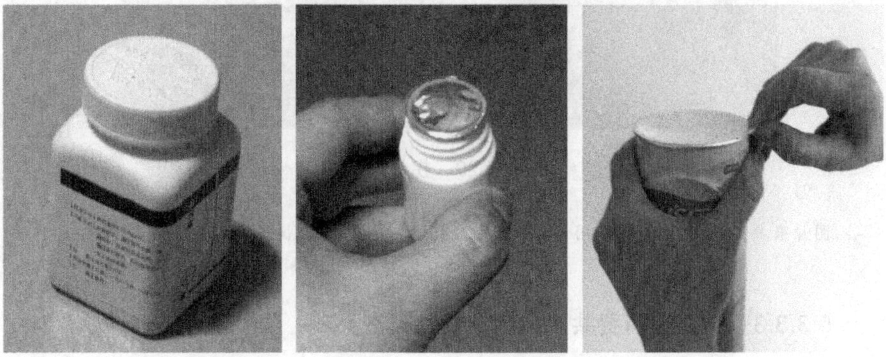

图 5.27　容易开启的包装形式

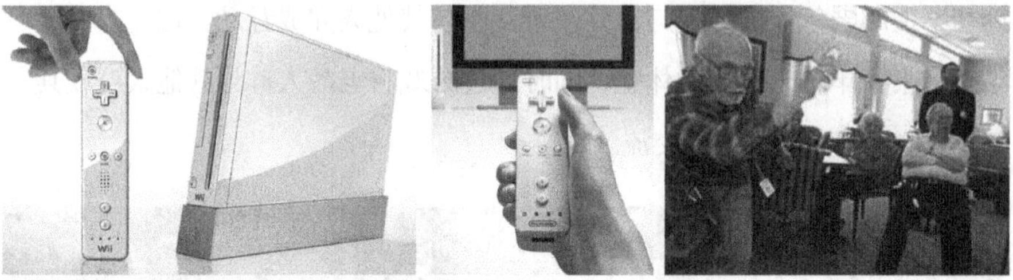

图 5.28　适合老年人的信息游艺产品

图片来源：Google 网站 http：//images.google.cn/

调查研究 3：出行工具（案例分析）

图 5.29 中的拐杖伞，考虑老龄人群的选择使用和与家庭成员共用，在与地面接触支撑处增加了防滑设计，使老年人使用时的安全性和舒适性都大大增加。这种通过简便的方式将日常用品进行适合老年人身心特征的改进，对于选择性消费的共用品通用设计的推广非常有促进作用。

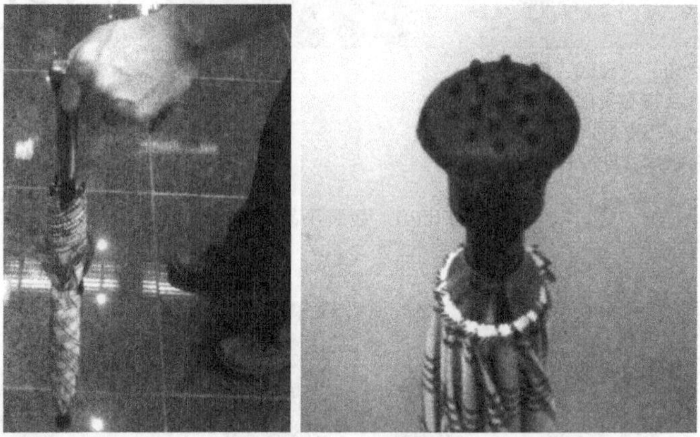

图 5.29　拐杖伞

图片来源：余虹仪．爱・通用设计［M］．台北：大块文化出版股份有限公司，2008：122.

5.3.3.3　选择性消费共用品通用设计要点

通过上述药品、信息产品和出行工具的典型问题分析，对老龄化社会中选择性消费共用品实施通用设计的一些主要关注点可归纳如下：

此类产品整体应关注老龄人群的身体、心理变化与兴趣习惯倾向。

医疗保健用品设计应考虑使用对象的针对性，尤其是药品的包装识别、开启、服用，要在老龄人群能力接受范围内，选择简易明了的开启方式，避免老龄人群因力量、动作或者不理解而不能开启；药品包装中的文字设计要考虑老龄人群的认读，关键信息应重点强调。

信息产品操作方式要简单化，最好可以利用老龄人群的生活经验和自然习惯就可以使用，避免过多的信息识别和处理。

产品的细节性设计应侧重于解决老龄人群的细微需求或者提升其行动能力，并在一种自然情况下实施完成，不产生负面的心理作用。

在上述各类调查研究中，同时对老龄人群进行了关于通用设计认知和共用品接受意识的统计分析，共计发放问卷150份，收回有效问卷136份。从概念认识上，目前比较多的老年人并不了解通用设计的具体功能和意义。但是，从资源利用、使用平等和经济节约角度，相当数量的老年人对共用品使用持赞成态度，见图5.30。由此可以看出，共用品的使用推广具有比较广泛的人群基础，针对这一产品范畴进行通用设计研究切实可行。

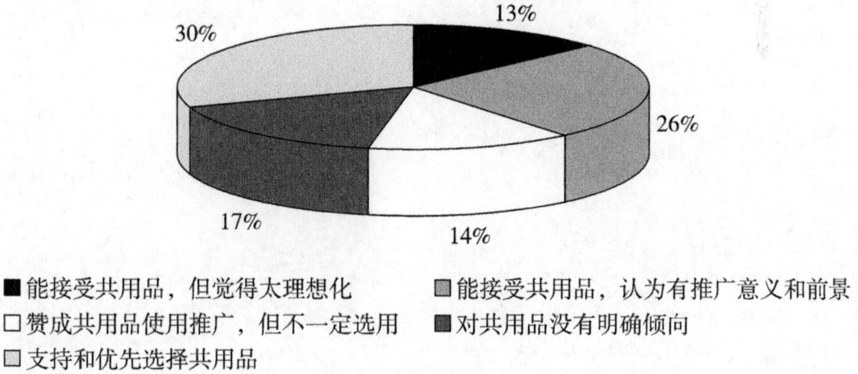

图5.30 老龄人群对共用品的认识分析

5.4 问题回顾

①通用设计推广与关注存在社会趋势和人群基础；

②关注老龄化倡导通用设计也应考虑和界定相应范畴；

③针对不同情境背景下各类使用障碍的调查和分析是深入通用设计的基础；

④对公共和个体选择使用的对象分别实施通用设计。

6 CHAPTER 关注使用人群老龄化的通用设计对策

通用设计满足不同人群使用是有一定限度和层次性的，[86]尤其是在针对老龄化社会人群背景下，老龄人群需求满足的优先性将直接导致设计物的功效发挥。通过前一章对老龄化社会中各类共用品的使用情况与通用设计分析，结合已有通用设计理论，归纳出老龄化社会实施通用设计，在关注老龄人群方面应该遵循的基本原则。

安全——安全需要作为心理需求的基础层面，是其他需要实现的前提。安全策略应始终作为老龄化社会通用设计对策的主线贯穿于每一项设计。

舒适——包括生理和心理两方面。生理舒适主要关注老龄人群行为与身体负担的适当；心理舒适则是以老年人各类心理需求为目标，兼顾满足的方法与形式。

自立——使老龄人群在休养过程中有能力平等参与和控制自己的生活，独立处理日常生活事务，增加对生活的信心，维护自己的尊严。

易用——提供老龄人群凭经验或直觉进行使用的方式，降低操作复杂性。易用不但可以降低危险和错误率，也能减少体力精神负担，间接性达到其他几项原则的满足。

通用设计的实施要关注三个关键环节：一是使用人群的定位考虑，二是要从具体需求出发，三是注重实际测试研究而避免凭空想象。然而，符合上述几项原则并不一定达到通用设计效果，套用和生搬这些原则也未必就能落实通用设计理念。老龄化社会中推广通用设计，应以总体原则为指导，结合老龄人群行为特征研究，有针对性地在感知、记忆、运动与心理等变化等方面，探讨通用设计的实施对策，促进完善老龄社会共用品最大效用的发挥。

6.1 感知能力变化与通用设计对策

感知能力是感觉和知觉能力的总和。包括：视觉、听觉、触觉、嗅觉和味觉，以及痛觉、压觉、温度觉、平衡觉等。关注感知能力的研究，在包容老龄人群的共用品通用设计中，依据其感知能力变化特点实施具体对策，可以有效地提升设计的通用性和可用性。

对于老龄人群来说，影响其产品使用的感觉能力变化，以视觉、听觉、触觉三个方面最为明显。

6.1.1 视觉变化与通用设计对策

视觉是人获得信息最主要的感官系统。健康的常龄人对周围环境、事件的感知约有 80% 是通过视觉获得的，[87] 并且依据视觉的感知信息指导人的行为，以此来调节自身与环境的关系。在研究中，通过资料分析和人群调研，汇总了如表 6.1 的环境与产品使用中各类人群的视觉特性，作为制定应对老龄人群视觉能力变化的通用设计对策的依据。

表 6.1 环境与产品使用中各类人群的视觉特性

视觉特性 / 使用人群	视力	视力与亮度、对比度需求	明暗适应所需时间	视敏度	眩光	辨色能力
视觉健全的人	正常	正常	正常	正常	较敏感	正常
老年人	减退	高亮度与高对比度	长	降低	敏感	针对不同色彩降低程度各异

6.1.1.1　视力减弱与通用设计对策

如图 6.1 所示，老年人的视力在 65 岁以后呈逐渐下降的趋势，这种趋势会随着年龄增长而逐渐加快。通过资料研究与调查发现，同样的距离看字，老年人能看清楚的字体大小往往是 20~30 岁青年人能见字体大小的两倍。因此，解决老年人在产品操作使用和环境活动中，对于需要靠视觉认知识别的信息，要适度增大，在条件允许的情况下保证是正常视力清晰辨别的 2 倍以上，有时还需要考虑操作环境光线的影响；特别在夜间，老年人阅读文字困难，可以辅助以具象的图案作提示，以减少视力影响，靠形象记忆提升老年人的控制感。

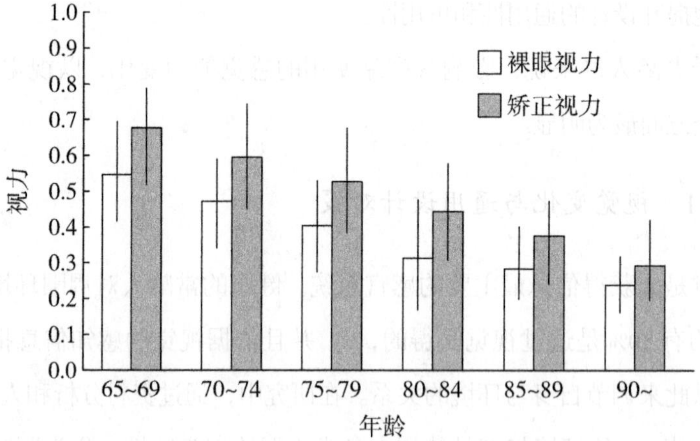

图 6.1　老年人视力在 65 岁以后呈下降趋势

好的识别设计不在于向人们提供更多的信息，而在于分配给他们用于接收信息的时间，使之只获得对其要做的决策来说最重要、最相关的信息。[88] 在产品使用方面，视力的下降很大程度上影响到了一些体量小、细致操作的产品。例如：一般电视遥控器上的按键都很多，相应的说明文字在有限的空间中很小，这种情况导致老年人使用数字键选定频道时，很难快速找到相应的按键，同时因为操作具有时限性，按数字键的时间间隔过久，已输入的数字会自动取消，使操作错误或无效。又如经常用到的指甲剪，普通的指甲剪设计追求精致小巧，但对于视力下降的老年人却不实用，他们往往很难看清刀口的细部，捏握起来也比较困难。对此，通用设计可以对产品某些操作使用部件或位置进行放大体量设计，以保证老年人使用中的准确识别和操作。

公共环境方面，一些导视系统可以在单纯形态识别基础上增加色彩识别的辅助，如图 6.2 中男女卫生间的图形标识，一般情况下都是统一颜色的居多，如果考虑老龄人群视力的减退，可以将其做明显的颜色区别对比和体量放大，加强视觉识别的准确性。又如，心理声学研究表明，人的听觉信号检测快于视觉信号检测速度，并且人对声音随时间的变化极其敏感。利用这一原理，公共环境中设计声音导向会弥补视觉导向的不足并在认知时间上优于视觉导向。加之声音信号所具有的全向特性，可引导视觉搜寻目标。因此，在公共环境中同时提供视觉和听觉信息，可使老龄人群获得更强烈的存在感，如交通红绿灯的变化或电梯操作运行中配合适当的声音提示，可以增强视觉信息的传递，同时提高老龄人群的感知。

图 6.2　图形、色彩辅助提高视觉识别

图片来源：作者实地调研拍摄

6.1.1.2　视觉适应性变化与通用设计对策

在光线较暗的地方，老年人的视力也有下降的倾向，主要是“缩瞳”引起的，即由于瞳孔括约肌和扩大肌机能衰退，不能根据外界的光线强弱迅速有效调节瞳孔大小和到达视网膜的光量，造成视力下降或不能较快适应环境光线，如图 6.3（a）所示。年轻人在昏暗的地方瞳孔会张开，但由于老年人的缩瞳现象使他们在调整光线的视觉能力上会逐渐变差、变慢，瞳孔不能完全张开，因而射入眼球的光量就会相应减少，无法看清物体的外形轮廓。同时，从光线较亮的环境转换到较暗的环境时，老年人需要更多的时间进行视觉调整才能适应，如图 6.3（b）中曲线所示。老年人的明适应很快，与常龄人差别不大；而暗适应则需要很长时间，而且年龄越大，暗适应需要的时间就越长。[89]

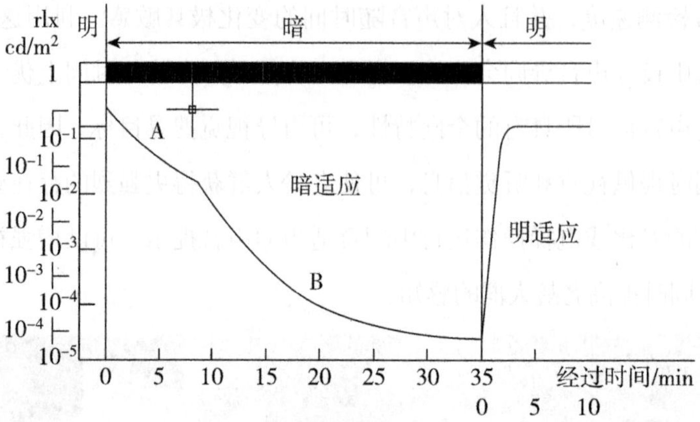

（a）暗适应和明适应

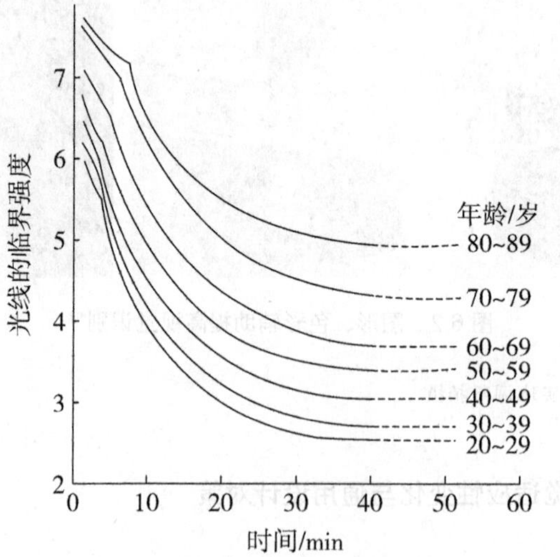

（b）年龄与适应的时间

图 6.3 视觉的适应性与变化

图片来源：Google 网站 http://images.google.cn/

针对老龄人群这种视觉能力的变化特点，通用设计中要特别注意环境光线的设计，尤其是在公共场所和家居环境的不同临近功能区域，要采取照明的适当过度，保证老龄人群适应；也可以在光线较暗的场所或区域入口设置提示标记，或在光线差异较大的区域之间考虑通过材质、色彩等不同感觉信息传递形成的过度空间，使进入的老年人有所准备，避免匆忙进入而发生意外。

6.1.1.3 辨色能力下降与通用设计对策

随着视力和视觉适应性的衰退，老年人的色彩辨别能力下降也比较明显，主要表现在对色彩、色相和明度对比的感觉能力减弱。[90] 为了解决这些问题，通用设计中应使用老年人容易分辨的色彩，保证充足的采光和照明，加大色彩饱和度，增强物体明暗对比，避免眩光。此外，还可以在色彩设计的同时辅助图形、肌理的作用，综合提高视觉对比度，如深浅对比、图形衬托、利用触摸式的记号等，增强老龄人群的感知。

另外，在颜色组合设计中考虑老年人对某些色彩表现为色弱反应，提高颜色的感知度。表 6.2 中是研究总结的适合老年人识别的色彩搭配和应避免的色彩搭配。[91]

表 6.2 颜色匹配与清晰程度（按序号增大依次递减）

清晰的配色										
序　号	1	2	3	4	5	6	7	8	9	10
背景色	黑	黄	黑	紫	紫	蓝	绿	白	黑	黄
主体色	黄	黑	白	黄	白	白	白	黑	绿	蓝
模糊的配色										
序　号	1	2	3	4	5	6	7	8	9	10
背景色	黄	白	红	红	黑	紫	灰	红	绿	黑
主体色	白	黄	绿	蓝	紫	黑	绿	紫	红	蓝

综合上面研究分析，可以将适应老龄人群视觉能力变化的通用设计对策概括如表 6.3。

表 6.3 适应老龄人群视觉能力变化的通用设计对策

对策	具体内容
1	在设计允许的条件下增大视觉感知对象的体量，提高识别的敏感度，或者在操作部位给以明显的标记（如色块、肌理、差异形状）指示
2	加大色彩设计中的饱和度与对比度，避免使用老年人不易识别的色彩匹配，有信息识别的环境区域应提供充足照明
3	辅助视觉以外的感觉通道信息，如听觉、触觉等，提供更多引导或提升视觉识别的感知方式选择
4	充分考虑老龄人群体态幅度变化和行动方式（如坐轮椅）等情况，环境中的视觉信息系统高度设置应适中
5	对于存在光照变化显著的使用情况，应在设计中为老年人提供足够的视觉适应时间或其他过渡措施，以降低因视觉明暗适应问题造成的不利或伤害
6	印刷品整体设计应具有吸引力，文字信息应注意排版能为老年人接受（字号、字距、行距等），语言表述简洁，重要内容应使用字体加粗、放大、换色等方式进行强调

6.1.2 听觉变化与通用设计对策

老年人的听力随着年龄的增长而逐渐减退，形成不同程度的听力障碍。据有关资料统计，我国老年人听力障碍者约占其人群总数的 50% 左右。听力的衰退首先表现在对高频率声音丧失听力，从 20Hz~10kHz，然后逐渐减少到 8kHz 左右；随着年龄的增长，对低频率或夹杂着噪声的声音也会丧失听力。老年人听觉功能的变弱不仅直接影响知识的获取，而且还影响其语言、知觉和理解能力，进而影响老年人的人际交往和身心健康。

针对老年人的听觉障碍进行通用设计，主要可以从三个方面考虑，即耳聋失聪、语言的分辨能力差和重振现象。

6.1.2.1 耳聋与失聪的通用设计对策

对于老龄人群中耳聋或听力严重障碍情况，通用设计中可以考虑为其使用产品增加助听附件，或者采取其他信息传递方式，如视觉、触觉等，在先进技术的支撑下，为耳聋老龄人群提供内容相应的其他信息传递方式进行转换。如图 6.4 中的手持便携式发报器原本专为那些只能读盲文的听力视力障碍人群设计，它可以把各种形式的印刷品上的文字转换为盲文，或与电脑相连，提供实时信息浏览，对于听力严重障碍的老龄人群非常有帮助。

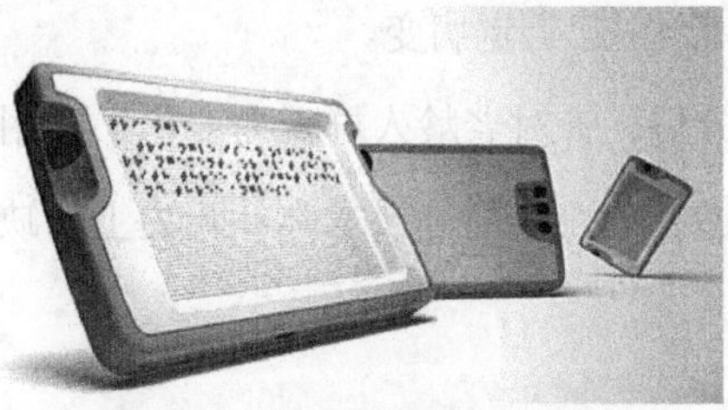

图 6.4　手持便携式发报器

图片来源：Taeho Wang，Seungho Chung. 手持便携式发报器［EB/OL］(2007-07-26). http://tech.163.com/07/0726/14/3KB6IE2500092BPD.html

6.1.2.2　语言分辨能力下降与通用设计对策

闻其声而不辨其意，往往是老龄人群听力障碍对声音分辨能力减弱的首要表现，特别是在不良听觉条件下或有噪声背景情况下更加明显。同时，老年人高频听力衰退的特点还表现在对女声或童声的分辨力下降更加明显，而男声的声波频率较低，反而较容易被老年人听清。

对于老龄人群听力中的语言分辨能力下降，在通用设计中可以考虑将产品发声装置的频速设计成可调节，或者将某些声音引导性功能进行操作反馈声音重复播放设计，使老龄人群在慢速聆听或反复聆听中理解语意。另外，产品中的语音报读和环境中的语音信息，都应该考虑语音音质和传递中可能出现的变声和回响，以免不容易被听力下降的老龄人群感知分辨。

6.1.2.3　重振现象与通用设计对策

“重振现象”在老龄人群中比较普遍，即“低声听不清，大声嫌人叫”。老龄人群的听觉重振问题，主要是对于声音音调高低的要求变得越来越个体化。针对这个特点，通用设计一方面考虑声音报读的可调节，另一方面可以通过技术研究确定老龄人群避免重振现象的若干音量分贝数值，以此形成产品音量调节的关键范围挡位，最好是旋钮操作，老年人可根据自身的听力状况选择适当的分贝挡位。同时，应避免设置过高音量挡位，防止老龄人群操作不慎被尖锐声音刺激引起听觉病变。

综合上面研究分析，针对老龄人群听力变化，通用设计应注意解决如何选择替代性信息传递方式，或通过技术弥补听力上的缺陷，具体对策概括如表 6.4 所示。

表 6.4　适应老龄人群听觉能力变化的通用设计对策

对策	具体内容
1	提供可供选择的综合型信息接受和识别模式，辅助替代听力识别的感觉通道方式选择，如视觉、触觉等
2	声音输出应可调节音量、音质、语速等变量，并尽可能选择适合老龄人群操作的挡位旋钮式，环境声音应考虑回响与变声的影响，提供弥补措施
3	视听产品设计中考虑增设适合广泛人群的助听辅件，特别考虑老龄人群使用特征的优先满足和辅助形式的隐性化（如助听器设计成 MP3 一样，为所有人群平等接受）
4	结合技术研究确定不同产品、环境中老龄人群的听力需求满足所对应的声音范围，形成技术指标和规范作为设计参考

6.1.3　触觉变化与通用设计对策

触觉是接触、滑动、压迫等机械刺激的总称，是依靠表皮的游离神经末梢感受温度、痛觉、压觉等多种感觉。老年人皮肤上敏感的触觉点数目显著下降，皮肤对触觉刺激产生最小感觉所需要的刺激强度在年老过程逐渐增大。

6.1.3.1　温度觉变化与通用设计对策

老年人温度感觉由于身体整体机能退化变得比较迟钝，有些皮肤区的这种感受几乎完全丧失。在设计中可以采取其他感官通道信息传递替代的方式，如加大肌理或色彩、材质区分等感觉进行心理暗示，利用颜色、材质进行温度差异的区别说明，从心理层面辅助和唤起老龄人群的触觉感知，并为危险的温度接触起到警示作用。

6.1.3.2 痛觉变化与通用设计对策

老年人痛觉退化和温度觉很相近，随着年龄的增加对疼痛刺激的敏感性逐渐减低，对皮肤破损的感觉缺乏敏锐反应，变得越来越迟钝。通用设计在这方面应特别注意共用品操作使用的安全防护措施，避免老年人在痛觉感知前受到伤害。如产品或环境中的一些尖锐棱角、锋利边缘等，设计中应将其隐藏、保护或做钝化处理。

6.1.3.3 压觉变化与通用设计对策

触压感觉的变化在老龄人群的产品使用中主要表现为其对于产品表面材质、细小操作部件和精确操作的不敏感。通用设计中应考虑将具体操作按键、旋钮做明显的凸凹处理，以增加触压感觉；或者通过如声音、色彩变化等操作反馈信息提示老龄人群操作中触压的有效性。同时，应充分发挥材料特性和设计中对于材料的灵活处理，提升老龄人群在使用中的综合触压感觉，即视觉和心理作用的辅助可以提升和唤醒迟钝的触压感觉意识。另外，值得注意的是，在频繁的操作中，为了获得心理认可的触压感觉，老龄人群的体力消耗和肢体疲劳会明显增加，应当在设计中进行技术性改进以减少操作次数，避免原本并不敏感的触压感觉由于频率的增加而更加麻木的现象。

综合上面研究分析，通用设计针对老龄人群触觉能力变化的具体对策可以概括如表 6.5 所示。

表 6.5 适应老龄人群触觉能力变化的通用设计对策

对策	具体内容
1	利用感官通道的互补作用辅助提升触觉感知，对有危险伤害的触觉接触（过高或过低温度、疼痛等），应给以强调性的设计警示，如色彩、肌理等
2	对于有伤害可能，尤其是不宜通过疼痛触感感知的形体、部件，应变换形式、消除或增加防护装置

续表

对策	具体内容
3	触压操作设计中，可以适当增大触压量或增加触压有效提示信息，使老龄人群能够清晰证实触压有效感觉，同时设计中要避免反复操作带来的触压疲劳

在解决或应对老龄人群感知能力衰退变化的研究中，虽然总结梳理了一些可以指导老龄化社会共用品的通用设计对策，但这里还是要强调，通用设计不可能满足所有的使用者，只是融合细节的考虑和科技支持，通过设计完善增强感官功能以及感官功能之间的互相补偿作用，提升产品对于老龄人群的可用性并适应更为广泛的人群。

6.2 认知记忆能力变化与通用设计对策

老年人的认知记忆活动主要有以下几方面变化：从记忆过程来看，历史记忆较好，而对进入老年后发生的事遗忘较快，经常记忆混乱；从记忆内容来看，老年人的意义认知记忆保持较好，而机械认知记忆减退较快；从再认识活动看，老年人的再认活动（当所记对象再次出现时辨别的记忆）保持较好，而再现活动（使对象在头脑中呈现出来的记忆）则明显减退。

针对老年人以上记忆特点，在共用品通用设计中分别从解决提升老年人重复性记忆、学习性记忆以及认知能力衰退等方面，制定具体的设计对策。

6.2.1 重复性记忆变化与通用设计对策

记忆力的下降给老年人生活带来许多不便。如出门经常忘带钥匙，烧开水不记得关火，煮熟了饭菜却忘关煤气，这些生活中频繁接触和发生的事情，具有明显的重复性。针对这种重复性记忆力的减退，可以在包容老龄人群使用的共用品设计中考虑增加操作事件的明显提示功能，或通过提高产品技术性的辅助含量进行老龄人群记忆操作的取代，使某些产品使用达到自动运行或功能控制。

6.2.1.1 人为操作功能的技术性取代

通过自动化和模糊控制等技术，使产品自主运行能力增强，减少或消除老龄人群的操作记忆。如前面提到的“关煤气”问题，可以通过技术手段设计煤气源的延时自动关闭，减轻老龄人群使用操作时的精神和记忆负担，同时也为一般使用者群体提供很好的安全保障。又如，居家户门钥匙的携带可以在科技进步的情况下采用影像识别技术取代钥匙，只要关门门就会自动锁死，这样老年人在进出户门时也就不必担心忘记带钥匙或疑虑门是否上锁，以及意外被锁在屋外的情况发生了。

6.2.1.2 比较性设计提示记忆内容

针对老龄人群近期记忆模糊和疑惑不确定等特征，可以在通用设计考虑中以事物、情节的对比，尤其可以通过形象性的手法，唤起老年人的记忆或辅助其记忆判断。例如，一些老年人每天都要吃药，但却经常不记得当天的药吃了没有（实际上年轻人有时也会有这种记忆模糊现象）。针对此类情况，可以将药的包装按照日服几次、每次多少进行设计考虑，老年人在第一次服用时记下日期，就可以推算出哪一天次是否服药了；或者为药品设计一种辅助服药的日历，与日期对应放置需要服用的药片，通过观察日期对应的药片是否存在来提示记忆内容。

图 6.5 中的牛奶包装设计，由日本酪晨乳业协会提出，2001 年 12 月 3 日开始在日本奶制品中全面实施。包装上明显的缺口可以为老龄人群（和视力障碍人群）清晰感知，不需特别记忆和识别包装的具体说明就能判定包装产品的性质，其作为奶制品专有包装形式减少了老龄人群在使用中的记忆负担；而且这种细节性的设计考虑也不会因太突兀影响其他人群的使用。

图 6.5 比较性设计提示记忆

图片来源：余虹佚．爱·通用设计［M］．台北：大块文化出版股份有限公司，2008：83.

6.2.2 学习性记忆变化与通用设计对策

老年人的记忆力减退还表现为学习能力下降，对于某些新产品或生活中不经常接触的事情应付困难。同时，老龄人群的再认识活动特征表明，设计中最好能够以形象性信息和老龄人群容易接受的现象辅助智能技术唤起其记忆，从而引导使用操作。

针对减少老龄人群共用品使用学习这一目标，通用设计首先应考虑使用操作的简单明了，通过减少和科学整合技术功能避免过多的使用学习和记忆，同时提高产品操作的可重复性和摸索性，设置误操作的明确提示等；对于必需的特别使用说明，应多采用图示和老龄人群容易理解的认知方式。

以老龄人群对手机类的通信工具记忆操作学习很难接受为例，图 6.6 中是日本 TU-KA 通信集团面向日本市场推出的一款不带显示屏的手机“TU-KA S”，功能简单实用，没有显示屏，只保留拨打和接听功能，电源开关键也是通过左右滑动实现 ON/OFF 状态，将需要附加说明的功能全部省略掉，大口径扬声器使声音更清晰，给老年人的使用提供了极大的方便，也为其他人群提供了一种简便快捷的使用模式。

图 6.6 不需使用学习的手机

图片来源：日本 TU-KA 通信集团 . 京瓷手机专题［EB/OL］.（2004-10-19）http：//tech.sina.com.cn/mobile/n/2004-10-19/0935442864.shtml

综合上面的研究分析，共用品适应老龄人群记忆能力变化的通用设计对策可以归纳为如表 6.6 所示。

表 6.6 适应老龄人群记忆能力变化的通用设计对策

对策	具体内容
1	通过产品自动化功能的增强，依靠技术手段代替人工操作，以减少记忆负担，或者考虑设计自动和手动两种模式，供不同人群选择
2	通过明显的形象或数量对比，设计使用状态或功能操作的信息提示，使操作反馈记忆转换成直观的情景或现象观察
3	对于一般大众产品的操作，尽可能采用经验性和熟悉的模式，或以形象性启示替代使用学习；对于必要的使用学习给予形象性说明或者借助于先进科技进行操作自动化转换

6.2.3 认知能力变化与通用设计对策

认知是人对外界的知觉与对其意义的理解、信息发送与传达。在产品或环境使用中，影响认知的主要原因是目标的能见度和注目性不高，令使用者在短时间内不能辨认出来。同时，认知中信息传递方式是否符合相应使用人群的自然和习惯认知形式，也是影响认知的关键。

6.2.3.1 提升“能见度”与通用设计对策

“能见度”是指容易确认对象存在的程度以及眼睛捕捉外界物体所能达到的距离或面积。老年人由于视觉能力下降，其对“能见度”的设计要求要远远高于常龄人。在共用品或某些环境的通用设计中提高能见度最重要的方法，就是采用识别对象与主体背景的强烈明度对比，并在设计允许的条件下辅以色相对比来加强视觉刺激以提高能见度。另外，增大识别对象的体量或改换知觉信息感受通道也可以起到提高能见度的作用。如图 6.7 所示，在洗浴中老年人的认知能力因为视觉关系更加下降，不易辨认洗发与润发等不同洗浴产品，通过包装上盖肌理的特殊设计，用可以明显感触的区别促进其认知识别。

图 6.7 感触比较辅助认知

图片来源：余虹仪．爱·通用设计［M］．台北：大块文化出版股份有限公司，2008：86.

6.2.3.2 加强“注目性”与通用设计对策

“注目性”是指观察对象的视觉冲击力或强迫性。注目性与目标形态大小及色彩、肌理的设计有很大关系。同时，注目性可以通过多种感官交互系统的设计满足来达到。视觉方面，包括提供更充分的照明，在不同功能部位进行不同的材质变换处理，以此来提示强调产品功能转换和操作内容。听觉方面，可以考虑增加声响装置，在某些不能经常直接观察的情况下提供声音信号，辅助提升认知的注目性，如产品操作反馈声音与视觉信号同时发生，以听觉带动视觉的关注，可以有效加强对操作者的认知提示。触觉方面，可以通过产品操控部件的体量和认知对象区别于其他部分的明显材质对比，强调和提升老龄人群的认知度。

6.2.3.3 信息表达自然性与通用设计对策

造成人为认知困难除了“能见度”和“注目性”因素以外，还与使用信息表达传递的自然性有关，也就是能否与使用者自身语言、习惯和文化水平等相吻合，并被其顺畅接受。语言方面，通用设计应考虑使用通俗易懂的语言，尤其是针对老龄人群使用的产品，应避免新名词、外文和过多数字的使用，必要时可以中外文对照或辅以形象的图形说明。习惯方面，应考虑不同国家、地域文化差异以及产品使用人群的习惯差异、宗教倾向不同，尤其应深入研究老年人长久以来养成的群体性习惯特征，避免因不相符产生的使用困难甚至排斥。文化水平与经历方面，应考虑老龄人群不同于常龄人群的时代性知识体系与认知结构差异。随着知识的进步和技术的发展，大多数老年人对“现代化”的产品都存在或多或少的认知困难，其通用设计对策是如何将产品操作使用的知识结构定位于符合老龄人群的水平，或者使老龄人群通过社会活动的参与和家庭生活中的经验获取进化知识结构，就可以达到学习使用的知识要求。

综合上面研究分析，共用品适应老龄人群认知能力变化的通用设计对策可以归纳为如表 6.7 所示。

表 6.7 适应老龄人群认知能力变化的通用设计对策

对策	具体对策内容
1	突出认知对象，从体量、色彩、材质等方面使其具有明显的特殊性，通过区别提高认知
2	提供视觉、听觉和触觉多通道的认知设计，可使不同能力者灵活选择认知方式，并提高产品操作的可摸索性和失败后的可重复性
3	采用最接近人类交流方式的模式设计信息传递途径，使任何使用人群都能够依靠本能感觉和自然生活经验完成操作的认知理解

在产品功能使用的信息表达中，细节设计尤其重要。考虑周详的细部功能设计，其实是源于一种关注广泛使用人群行为和情景特征的通用设计理念。如图 6.8 中的门把手设计，其功能完成的形式（旋转方向或者更严格地说应该是开门操作方式），杆式把手就比球形把手具有更为广泛的适应性，一方面可以为手部关节不够灵敏的老年人提供便利，同时对于双手被物品占据的正常人而言，杆式把手还可以增加开启操作方式的选择性。如果再深入研究开门动作，将其拆分为的开锁和推门两个细节动作，如图 6.9 中的门把手设计似乎更加科学合理，它把操作门把手和推门两个动作连贯起来，使推门动作自然产生了门锁开启效应，因其自然顺畅的操作方式几乎适合所有人群和各

种情况下使用。

图 6.8　需要认知的操作

图 6.9　不需认知的自然操作

图片来源：作者实地调研拍摄

6.3 运动能力变化与通用设计对策

据医学研究，60 岁以上老年人的运动能力约为 20~30 岁时的 30%~50%。这一数据表明，老龄化社会中倡导通用设计，必须关注老龄人群身体运动能力的衰退问题，在产品设计中适当控制操作力量、幅度以及节奏等方面内容，使其包容一定年龄阶段的老龄人群运动能力限度。

6.3.1 动作力量变化与通用设计对策

6.3.1.1 适应操作力量不足的通用设计对策

老年人的运动能力下降在力量方面主要表现为操作力减弱、耐力持久性差等现象。在设计中应将产品使用或功能完成的操作力和需要持续施力的时间限定在多数老年人能够接受的较低范围内，或者将某种需要较大力的操作方式转换成较小操作力的动作模式（如将插拔力与推拉力进行替代转换），达到最终操作目的。

如图 6.10 所示，多数人在拔电源插头时要用较大力气，这对于老年人，尤其是对那些手部颤抖的老人更是困难，而且存在一定的操作危险。图 6.10（a）中是日本 NOA 公司设计的环状插头，只要将手指穿过圆孔，老年人发抖的手就可定位在插头上，同时将需要较大持握力才能实施的拔出动作转变成了靠勾拉力完成的动作。又如图 6.10（b）中的安全插头，则是将老龄人群和残障人群不易具备的持握拉力转换成了可以靠身体重量辅助的推压力。再如图 6.11 中的洁具冲水开关，通常设计是靠手指按压，由于老年人的身体老化，手指力量和韧性都降低，此种操作方式容易使其受到伤害或者难以完成操作，而图 6.11（b）和（c）中的设计将按压开关增大，使使用者可以用手掌操作，通过具有较大力量的手臂和身体完成对于力量较小的手指来说高负担的操作动作。

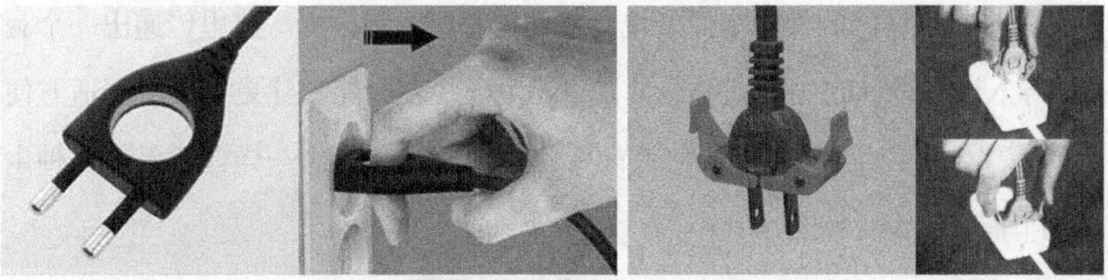

（a） （b）

图 6.10 操作力量的设计转换

图片来源：

（a）Kim Seung Woo. 带洞的电源插头［EB/OL］.（2009-01-06）http：//www.my7475.com/9376.html.

（b）张乃仁. 日本优秀工业设计 100 例［M］. 北京：人民美术出版社，1998：17.

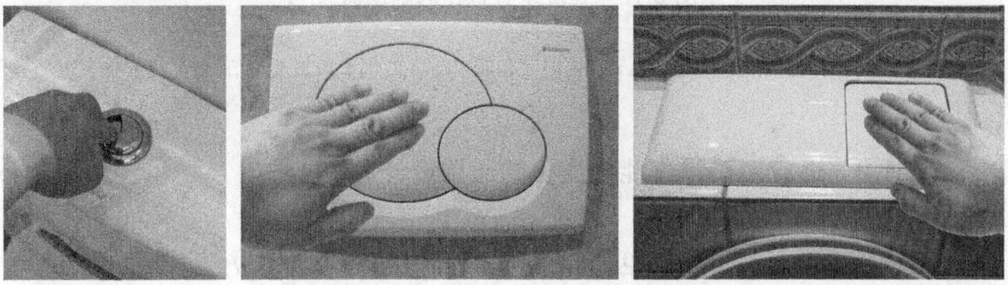

（a） （b） （c）

图 6.11 动作实施部位转换

图片来源：作者实地调研拍摄

另外一种常见的操作力量下降情况，是生活中老年人很难打开一些包装的封口（实际上健康常龄人有时候由于戴手套或手上有肥皂沫等也存在这种开启困难，这说明某些操作并非只对力气小的老年人或手指不灵便的残障者造成使用上的问题，多数的使用者在不同情境下也可能产生使用上的困难），而像急救药品这类包装如果开启困难，则很容易使使用者发生危险。对此，通用设计应当在减小操作力的同时，考虑提供不同的开启方式或辅助开启工具，为更广泛的人群轻松使用。如图 6.12 中是日本 MARNA 株式会社生产的一种开罐器，具有很好的通用性，适宜任何口径的旋转瓶盖开启，尖端部分还可以伸入并拉开金属罐包装上面的拉环。这种设计非常有助于手部操作力减弱的老龄人群使用，同时由于良好的使用定位，也会被其他家庭成员接受。这里传递出一个观念：导入通用设计的生活辅助器具，实际上已经变为能够让更多人群舒适方便生活的“生活用具”，如同任何人都要使用刀子切开食物一样自然，是一种生活细节需求的设计补充。

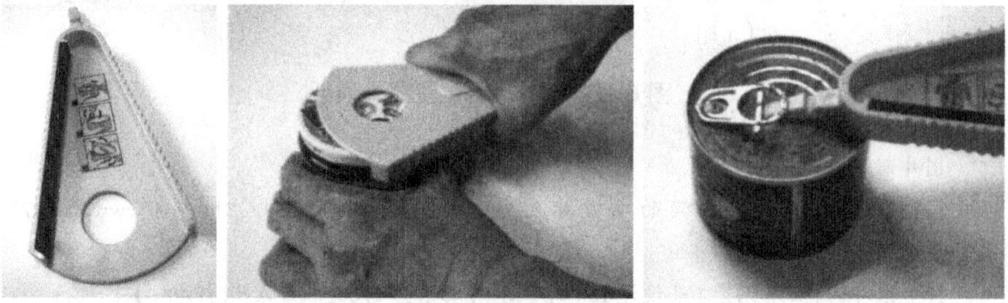

图 6.12 适应某种操作的辅助器具

图片来源：余虹佚．爱·通用设计［M］．台北：大块文化出版股份有限公司，2008：79.

6.3.1.2 适应精确操作能力变化的通用设计对策

老龄人群由于肢体肌肉活动能力、神经传输和视觉等方面原因，机敏反应能力缺乏，常出现手抖、动作幅度控制能力差等现象，对产品使用中的精确操作往往不能够顺利实施。针对这类问题，共用品的通用设计中应考虑减少细微的精确操作，或者将此类操作动作放大。同时，在一些产品设计中也可以通过研究老龄人群（以及更广泛人群）的操作动作和肢体特征，将使用过程做细节性完善，抑或辅助一定的部件帮助需要借助的老龄人群使用。

如图 6.13 中的签字笔 Handy Birdy，充分考虑了如老年人握力较弱的持握特点，提供了能够避免其书写使用时颤抖的设计，而其中的笔尖护套设计，更是深入细致地考虑到老年人（或残障人）手指操作力小和细小操作不容易控制等特点。还有一些产品的操作部位设计上适度增大或略显夸张，也可以起到提升操控性的作用。如家具的把手、电器的按钮都可以通过放大体量的方式在不影响大众人群使用的情况下，提高老龄人群使用时的操作准确性。

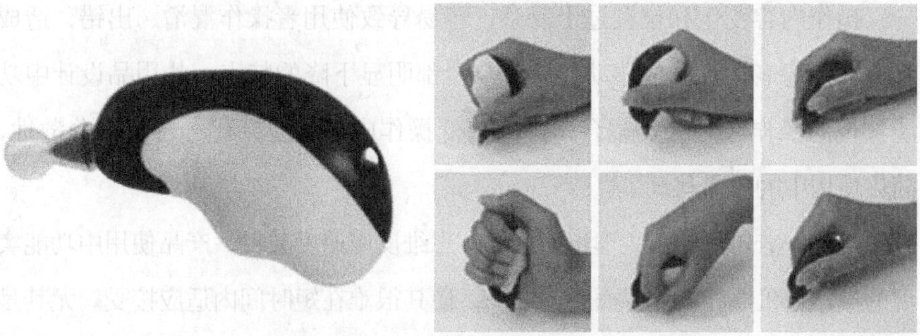

图 6.13 提高操作准确性的设计考虑

图片来源：日本 Tripod design 株式会社［EB/OL］.http：//www.tripoddesign.com/en/gallery/index.html

综合上面的研究分析，针对老龄人群的动作力量与幅度问题，共用品提高使用性的通用设计对策可以归纳为如表 6.8 所示。

表 6.8 适应老龄人群动作力量变化的通用设计对策

对策	具体内容
1	设计中尽可能减小操作使用的最小力量限制，或者通过变换传统操作方式转化力量实施形式或动作部位，回避老龄人群衰退比较明显的某些施力形式
2	使用过程设计中尽量避免琐碎的细小操作动作；如必需，则应对细微操作部位进行放大体量设计，在识别与控制上为老龄人群提供方便
3	增加细节性设计或通过将辅助器具进行“大众化”形式的设计推广，提升包括老年人在内的广泛人群的操作控制能力

6.3.2 运动节奏和幅度变化与通用设计对策

老龄人群运动机能下降，关节活动范围变小，骨骼脆弱，关节组织的弹性减弱，动作反应灵敏性降低，难以准确实现较快节奏和较大幅度的产品操作，因此设计中应该尽量减少操作频率和次数，整合产品功能操作或减少重复性的操作等。

6.3.2.1 操作的复杂性与通用设计对策

操作内容变化和位置过于复杂，容易导致使用者操作混淆、出错，造成事故。考虑老年人肢体移动能力和节奏都明显下降的特点，共用品设计中功能实现的操作应做分类整合，由此降低操作内容的复杂化和位置的分散性，简化使用中的操作移动。

另外，老年人由于生理机能退化，思维反应速度减慢，产品使用中功能实现的操作随机性和操作界面的不统一，使其很难在短时间内适应接受。尤其是某些产品使用中操作动作位置不确定，老龄使用者在操作时对下一步操作没有心理预期，容易产生慌乱、紧张等心理反应。如目前公共场所中相当数量的自动柜员机和售票机就有这类问题：一些老龄使用者对机器的操作顺序不了解，功能位置不明确（如机器插卡、投币、出票的位置标注不醒目），又加上缺乏此类产品的使用经验和环境人群的影响压力，致使操作混乱，如图 6.14 所示。

图 6.14 操作复杂造成心理压力

图片来源：中川聪．通用设计的教科书［M］．张旭晴．台北：龙溪国际图书有限公司，2006：146.

通用设计的对策主要是用最直接简易且具备足够注目性的操作提示引导

使用。如从人类的“上→下，左→右”等自然认知习惯安排操作位置，延缓操作动作实施的时限间隔，给老年人宽松的思考空间，承接上游功能的操作部件设置寻找提示（声音鸣叫、灯光闪烁）等。

6.3.2.2　身体尺寸、活动范围变化与通用设计对策

老年人由于肌肉、韧带、骨骼的老化，身体尺度和动作幅度都有不同程度的缩小和不协调，对于一些位置太高或太低、移动频率过快的操作实现起来具有一定困难。通用设计中可以考虑功能操作部件或位置的尺度可调性，减缓操作频率或者通过技术革新减少操作次数，这样既可以适应老龄人群的身体条件，又不会影响其他人群的正常使用。以计算机操作中的鼠标为例，老年人的手指相对不灵活，击键的速度慢，鼠标双击功能对其使用计算机是一个明显障碍，所以双击功能可以考虑用另外一个键来实现，以消除老龄人群实施快速操作的负担。

另外，针对老龄人群的动作幅度变化，在生活中应考虑一些辅助性的产品工具或者操作对象位置调整，这些产品定位的恰当同时也会给正常人带来方便，从而扩大至广泛的使用人群，如图 6.15 中的洁具冲水开关从传统常规的与洁具一体，调整为人体站立手臂轻松可触及位置，消除了老年人弯腰操作的困难，也为普通使用者提供了方便。

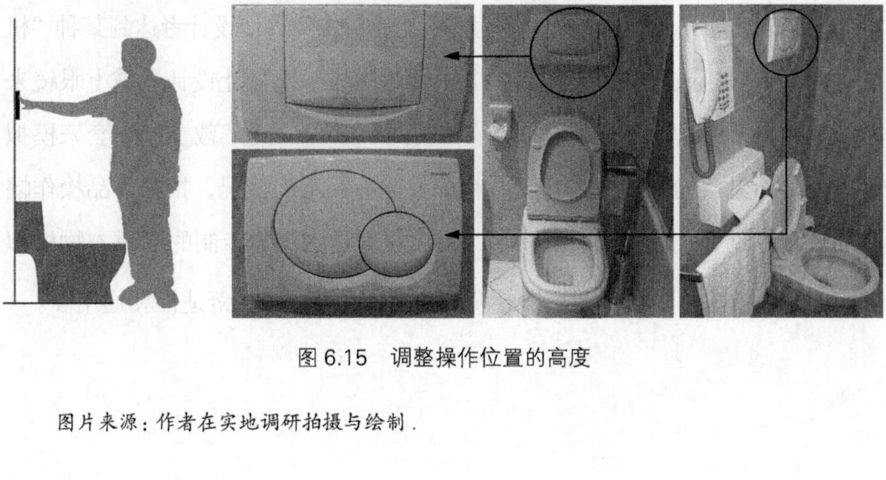

图 6.15　调整操作位置的高度

图片来源：作者在实地调研拍摄与绘制.

综合上面的研究分析，针对老龄人群运动节奏与幅度变化问题，共用品提高使用性的通用设计对策可以归纳如表 6.9 所示。

表 6.9 适应老龄人群移动节奏与幅度变化的通用设计对策

对策	具体内容
1	集中布置相关功能操作位置，降低分散性，或者整合某些功能操作，以减少操作内容和操作位置变换带来的复杂性
2	连续操作设计中应考虑符合老龄人的自然认知和动作习惯，多步操作需设置引导提示，并合理设计各操作动作之间的间隔时间，保障老龄人群的认知反应
3	设计中避免过大或过小的操作幅度，使动作符合自然姿态，如必需时应提供必要的辅助器具，同时考虑其他人群的接受程度

在观察取得第一手感性材料的基础上，提出问题，用理性的逻辑的推理方式解决问题是通用设计中的一个重要环节。然而，在应对老龄人群感知、记忆和运动能力变化的通用设计对策制定中，依据研究老龄人群生理机能变化和行为方式特征，有针对性地完善设计考虑并不是唯一途径。因为对与常龄人群在生理、心理方面存在较大差异的老龄人群来说，客观研究和亲身体验毕竟存在很大差异，即便是客观角度的观察分析和逻辑推理也常常会带有不正确的“主观性”“想当然”，使设计策略的制定偏离现实可行性，正如“子非鱼，焉知鱼之乐”；只有将自己做真实的角色转换，才能够得到更为准确的体验感受。针对这种情况，通用设计中可以采取通过设计者亲身实验感受老龄人群生活活动和产品使用的问题存在，通过增加障碍使设计者达到某种“机能老化”状态，从而体验老年人的各类使用困难。比如让设计者戴上眼镜来模拟老龄人群的视觉感受，体会感知识别中的设计问题；戴上厚手套来模拟关节活动不灵活的老年人或者上肢精确移动有困难的情况，指导产品操作幅度和按键等设计；又如汽车设计中，为实验驾驶者穿着专制的厚重衣物模拟老年人进出车门的困难，以此指导设计提升车在使用中的舒适性和通用性。

6.4 心理变化和障碍与通用设计对策

老年期作为人生最后一个阶段，不但机体发生变化，职业、家庭、经济等各方面都发生显著变化，这些变化会对老年人的心理产生多方面影响，使他们形成很多迥异于常龄人的心理变化甚至障碍。如果不及时妥善给予考虑，从设计上加以关怀，很容易导致老年人脱离社会，出现孤僻、忧郁、焦虑、绝望等消极心理。

6.4.1 心理需求与通用设计对策

将老龄人群的心理变化进行类别划分，并针对不同心理需求内容在通用设计中做适当的设计考虑。

对亲人的依赖。大多数老年人都保持传统的思想观念，渴望享受天伦之乐和家庭依靠。由此形成的居家养老模式正是顺应这种心理特征，使老龄人群从最基本的层面获得心理满足和安慰。通用设计在这方面更多地起着一种间接构建无障碍家庭环境和提供理想居家共用品的作用，从而使老年人在居家养老中能够感受到与家庭其他成员的自然融合。

归属感、稳定感的需求。老年人对已经习惯的生活境况和用品有一种不愿变更的适应，会产生一种归属感和稳定感，并且对这种感觉的拥有非常在意。通用设计在这其中要考虑的问题可以概括为两个方面：一方面，在设计初期就要考虑到随着年龄增长，老年人各项生理机能的衰退，为其设计的生活环境应具有某种适应性或可调整性，如保证居室空间可随身体情况需要变化功能格局以及设施尺度，且不产生过多费用支出等；另一方面，对于某些生活产品，最大限度延长其使用寿命，以减少老龄人群在这方面迫不得已的更换，从长远意义上也是一种环保设计考虑。

交往的需要。老年人在离开工作岗位进入休养阶段后，生活圈逐渐缩小，对与外界交往和朋友邻居的往来变得越来越渴望。但往往由于对出行、公共活动环境的“恐惧”，他们不得不减少这些交往活动，从而影响了心理健康。通用设计在提升公共环境、设施以及交通工具品质和扩大适应人群等方面所起的作用，可以大大减少老龄人群出行的顾虑，满足交往的心理需求。

受人尊重的需要。大多数老年人明知到自身的能力变化，但在心理上却不愿意面对这一事实，更不希望被认为是社会累赘、家庭负担，有时甚至比年轻人还渴望独立自主，希望得到关注和尊重。老龄化社会推广通用设计，正是为了达成老龄人群在社会活动、家庭生活中拥有与其他人一样的平等权利和机会的目的，无论是共用品还是公共环境，通用设计都为老龄人群提供“无特殊照顾”的使用机会，将尊重需求的满足隐含在具体设计中。

自我实现的需要。多数老年人在居家养老中容易感觉与社会脱节，同时由于健康状况的日益下降，他们很多事情需要别人的帮助。这些现实与生理的自然现象使很多老年人难以接受，他们总是想方设法继续实现自身价值，希望重新获得社会认同。针对这一点，通用设计在考虑满足尊重需要之外，积极研究拓展老龄人群的生活活动内容，如将很多现代大众人群使用的工具或娱乐产品导入通用设计，使其能够为更多的老年人接受和使用，从而使他们在心理上实现不落伍于时代、体现生命价值的需要满足。

6.4.2 消除心理障碍与通用设计对策

实施通用设计对策满足老龄人群心理、生理两方面需求的同时，还应非常注意所运用的方式方法，适应其心理反应特征。

增加心理关怀。作为应对人口老龄化和促进资源有效利用的通用设计的指导思想，不仅要使设计对象对包括老年人在内的更广泛人群友善亲和，更要使其具备对人性的关注，促进使用者自我和社会价值的实现。弱化老龄人群与大众之间的差别，在具体实施中除了功能实现上的技术调整，还应侧重增加心理关怀，避免“关照指向”的形态化、显象化。通用设计在这方面需要从细微的心理感知上关注老龄人群对设计解决的反应，用无差别对待和细节使用满足的结合，传递一种蕴含于设计内在的心理关怀，提升其更高的文化与精神品质。

减轻心理压力。对于老龄人群来说，最大的希望就是能够尽量保持自己的独立性。这种独立性的满足不单单体现在产品功能使用方面，有时心理层面的感受更为重要。通用设计强调适应大量个体的不同喜好和能力，不仅要考虑让产品体验满足各类使用者，而且还要求消除针对性的特有符号，在形式上掩饰其专为弱势群体所作的设计考虑，避免使用者产生自卑的心理负担，体现关注弱势群体回归社会和自我独立的深层面关怀。通用设计使老龄人群融入大众，让他们觉得和其他人一样，都是社会的重要组成部分，从而减轻老龄人群参与社会活动的心理压力，真正达到关怀和尊重的目的。

需要明确，影响衰老的因素复杂多样，因而老年人衰老的进程很难估计，其中的身心变化更是因人而异。在涉及老龄人群的共用品通用设计中，应树立可持续发展的观念，初期就将设计定位于可能面对的使用人群，并考虑这一人群成长衰老的后续问题，使设计的适应不但体现在不同老龄的人群范围上，也扩展到动态情况和时间差异的层面上。

综合上面的研究分析，针对老龄人群心理变化和障碍问题，共用品提高使用性的通用设计对策可以归纳为如表 6.10 所示。

表 6.10　适应老龄人群心理变化与障碍的通用设计对策

对策	具体内容
1	从不同层面满足老龄人群的需求，如亲人依赖、归属、稳定、尊重与自我实现等
2	使针对老龄人群的共用品大众化，在功能使用中增加心理关怀性内容，并且注意不能形式化和显象化，避免“关怀指向”
3	加强使用细节研究与设计，将心理关怀隐藏在针对性解决问题的细节考虑中

6.5 问题回顾

①关注感知能力变化的通用设计对策与实例列举分析；

②关注认知记忆能力变化的通用设计对策与实例列举分析；

③关注运动能力变化的通用设计对策与实例列举分析；

④关注心理变化和障碍的通用设计对策与实例列举分析；

⑤更多关注点引发的通用设计导入。

7 CHAPTER 通用设计推广的几点思考

通用设计研究应用于解决社会人口老龄化问题，不但可以缓解社会矛盾，促进和谐，还可以与可持续发展思想相吻合，合理规划环境资源的利用，实现“物尽其用”。加之设计对于“尽用”方式的极致追求，也就形成了物用形式的不断推陈出新、生活品质的渐进提升。在特定时代背景下深入挖掘经典设计理念的再应用，对于当今和未来都是非常值得关注和考虑的。

7.1 对于社会化导入通用设计的认识

（1）老龄化社会推广通用设计，拓展其在特殊社会背景下的积极作用。

在老龄化社会中，产品需求与使用人群主体发生较大变化，加之资源有限的社会未来前景，单纯强调老龄人群的产品开发和专用品特殊设计使资源消耗加剧，不符合社会可持续发展的长远目标。为此，消除使用人群的某些特殊分类定位和推广共用品，并在此基础上倡导通用设计，是解决老龄化社会问题的一种可行设计策略。

针对老龄化社会中企业与市场对于特殊设计的关注，从可持续发展角度提出通用设计推广的可行性和一定范围替代特殊设计的必要性，将通用设计的平等与关怀思想结合老龄化社会现象，使其在构建和谐社会中发挥积极作用。同时，将通用设计理论研究的出发点变换时代背景，引申出其所蕴含的“物尽其用”思想，为老龄化社会的资源持续问题解决提供了一种新的设计思考模式。

（2）通用设计具有“物尽其用”思想，有利于环境资源保护。

通用设计作为一种理念和极限目标追求，现实实施有其针对性和适用范畴。随着全球资源日渐减少和人类环保意识加强，不少设计者都开始将环保概念纳入其设计中，相当数量的消费者也开始将具备环保概念的商品作为优选对象。而通用设计所倡导的产品使用人群扩展及共用品概念，正是将“设计物”“尽其用”思想作为需求满足层面上的指导方针，体现了一种更为现代和具有可持续性的绿色环保意识，真正符合环境资源有效利用和引导合理消费的目标。

（3）理性界定通用设计范畴，倡导老龄化社会推广共用品设计。

通用设计不是方法而是一种理念，要因地制宜和弹性运用。应理性思考通用设计的社会作用与适应范围，使其在现实推广中具有可行性，并发挥最大效用。将通用设计从观念、原则上升到一种对于社会、人类存在方式的思考。提出通用设计应该是一种促进社会和人类进化的思想意识，将这种意识融入产品，成为一种改善和提升产品使用性能的因子，唤起消费者潜在使用能力与合理需求，引导和塑造生活方式，以达到规划和改变社会的作用。

老龄化社会推广通用设计作为一种策略，可以起到资源有效保护的作用，但在现实推广和企业实施中也应考虑产品范畴的侧重，即围绕“共用品”探讨老龄化社会中的通用设计对策。“共用品”概念的提出，既符合通用设计人群扩展的核心思想，也与老龄化社会中人群结构、需求变化相顺应，是现实推广通用设计的对象基础。

（4）通用设计“动态适应”，为社会规划与改造提供观念支持。

通用设计应该是一种适应模式的设计规划与思考，根据时间和地点的不同而变化，以迎合用户的实际需求，处在多元与动态适应状态。通用设计努力的目标是满足不断变化的社会与人群需求。针对这种动态的环境与人群因素，通用设计更应该是着眼于社会的持续发展，通过理论进化来不断接近“通用”这一理想状态。

（5）老龄化社会实施通用设计应有针对性策略。

通用设计在老龄化社会背景下推广，为保证其实施的深入可行和对社会的积极作用，必须结合已有通用设计原则和老龄化社会趋势进行双重考虑，提出总体的应对原则，依据老龄人群在感知、记忆、行动以及心理等方面的变化特征与体验，探讨形成可以在实际设计中起到指导作用和约束力的具体设计对策（见表 7.1）。将通用设计的社会推广深入具体实施指导层面，丰富了通用设计实体内容，提升了对于企业和社会的现实操作价值。

表 7.1 老龄社会实施通用设计的针对性策略

针对性			通用设计对策
适应感知能力变化	视觉能力变化	1	在设计允许的条件下增大视觉感知对象的体量，提高识别的敏感度，或者在操作部位给以明显的标记（如色块、肌理、差异形状）指示
		2	加大色彩设计中的饱和度与对比度，避免使用老龄人不易识别的色彩匹配，有信息识别的环境区域应提供充足照明
		3	辅助视觉以外的感觉通道信息，如听觉、触觉等，提供更多引导或提升视觉识别的感知方式选择
		4	充分考虑老龄人群体态、幅度变化和行动方式（如坐轮椅）等情况，环境中的视觉信息系统高度设置应适中
		5	对于存在光照变化显著的使用情况，应在设计中为老龄人提供足够的视觉适应时间或其他过渡措施，以降低因视觉明暗适应问题造成的不利或伤害
		6	印刷品整体设计应具有吸引力，文字信息应注意排版能为老龄人接受（字号、字距、行距等），语言表述简洁，重要内容应使用字体加粗、放大、换色等方式进行强调
	听觉能力变化	7	提供可供选择的综合型信息接受和识别模式，辅助替代听力识别的感觉通道方式选择，如视觉、触觉等
		8	声音输出应可调节音量、音质、语速等变量，并尽可能选择适合老龄人群操作的挡位旋钮式，环境声音应考虑回响与变声的影响，提供弥补措施
		9	视听产品设计中增设适合广泛人群的助听辅件，特别考虑老龄人群使用特征的优先满足和辅助形式的隐性化（如助听器设计成 MP3 一样，为所有人群平等接受）
		10	结合技术研究确定不同产品、环境中老龄人群的听力需求满足所对应的声音范围，形成技术指标和规范作为设计参考
	触觉能力变化	11	利用感官通道的互补作用辅助提升触觉感知，对有危险伤害的触觉接触（过高或过低温度、疼痛等），应给以强调性的设计警示，如色彩、肌理等
		12	对于有伤害可能，尤其是不宜通过疼痛触感感知的形体、部件，应变换形式、消除或增加防护装置
		13	触压操作设计中，可以适当增大触压量或增加触压有效提示信息，使老龄人群能够清晰证实触压有效感觉，同时设计中要避免反复操作带来的触压疲劳
适应认知	记忆变化	13	通过产品自动化功能的增强，依靠技术手段代替人工操作，以减少记忆负担，或者考虑设计自动和手动两种模式，供不同人群选择
		14	通过明显的形象或数量对比，设计使用状态或功能操作的信息提示，使操作反馈记忆转换成直观的情景或现象观察

续表

<table>
<tr><th colspan="2">针对性</th><th colspan="2">通用设计对策</th></tr>
<tr><td rowspan="4">记忆能力变化</td><td>记忆变化</td><td>15</td><td>对于一般大众产品的操作，尽可能采用经验性和熟悉的模式，或以形象性启示替代使用学习；对于必要的使用学习给予形象性说明或者借助于先进科技进行操作自动化转换</td></tr>
<tr><td rowspan="3">认知变化</td><td>16</td><td>突出认知对象，从体量、色彩、材质等方面使其具有明显的特殊性，通过区别提高认知</td></tr>
<tr><td>17</td><td>提供视觉、听觉和触觉多通道的认知设计，可使不同能力者灵活选择认知方式；并提高产品操作的可摸索性和失败后的可重复性</td></tr>
<tr><td>18</td><td>采用最接近人类交流方式的模式设计信息传递途径，使任何使用人群都能够依靠本能感觉和自然生活经验完成操作的认知理解</td></tr>
<tr><td rowspan="6">适应运动能力变化</td><td rowspan="3">动作力量变化</td><td>19</td><td>设计中尽可能减小操作使用的最小力量限制，或者通过变换传统操作方式转化力量实施形式或动作部位，回避老龄人群衰退比较明显的某些施力形式</td></tr>
<tr><td>20</td><td>使用过程设计中尽量避免琐碎的细小操作动作；如必需，则应对细微操作部位进行放大体量设计，在识别与控制上为老龄人群提供方便</td></tr>
<tr><td>21</td><td>增加细节性设计或通过将辅助器具进行“大众化”形式的设计推广，提升包括老年人在内的广泛人群的操作控制能力</td></tr>
<tr><td rowspan="3">运动节奏与幅度</td><td>22</td><td>集中布置相关功能操作位置，降低分散性，或者整合某些功能操作，以减少操作内容和操作位置变换带来的复杂性</td></tr>
<tr><td>23</td><td>连续操作设计中应考虑符合老龄人的自然认知和动作习惯，多步操作需设置引导提示，并合理设计各操作动作之间的间隔时间，保障老龄人群的认知反应</td></tr>
<tr><td>24</td><td>设计中避免过大或过小的操作幅度，使动作符合自然姿态，如必需时应提供必要的辅助器具，同时考虑其他人群的接受程度</td></tr>
<tr><td rowspan="3">适应心理变化与障碍</td><td rowspan="3">心理变化与障碍</td><td>25</td><td>从不同层面满足老龄人群的需求，如亲人依赖、归属、稳定、尊重与自我实现等</td></tr>
<tr><td>26</td><td>使针对老龄人群的共用品大众化，在功能使用中增加心理关怀性内容，并且注意不能形式化和显象化，避免“关怀指向”</td></tr>
<tr><td>27</td><td>加强使用细节研究与设计，将心理关怀隐藏在针对性解决问题的细节考虑中</td></tr>
</table>

7.2 通用设计研究与推广的展望设想

通过研究探讨老龄化社会应用推广通用设计的意义与策略，可以肯定通用设计在关注弱势群体和促进环境资源有效利用方面，具有不可替代的社会作用，作为一种理想化目标和可实施的设计理念，正逐渐被社会认可。对于消费者来说，通用设计提供的是方便和使用平等；而对于企业来说，通用设计则会带来巨大的商机。与此同时，由于通用设计理论的新生性和动态性，加之处于社会引入的初始阶段，还存在一些不成熟和有待发展地方。

（1）设计展望。

在围绕通用设计推广范围的研究中，明确了具有现实可行性的通用设计产品领域，即以公共环境设施、家庭共用品和选择性消费产品为主体的共用品范畴，并探讨了相应设计要点。结合研究体会和共用品主要分类（见图5.3），分别对其做如下通用设计设想。

公共环境设施通用设计：

公共交通工具设计中应侧重考虑老龄人群识别车次、上下车、乘坐安全、到站信息提示等方面的问题，如将上车踏板降低，加强防滑设计，增加上下车扶手，保证老年人上下车的安全；车内的行程路线图要考虑老年人的视力，适当放大，或者印贴在每个座位后，方便老年人寻找和认读。

公共信息系统设计要考虑老年人的识别和理解，如公交系统中站牌上的行车路线图，要文字加大、高度适中，尤其是行程的方向应强调标注，以防错误乘车；又如银行信息指示和个人操作系统，应考虑行业的统一性和简便性，避免老年人在不同银行使用中感到困惑，并且有益于提高效率。

公共环境设备通用设计中，公共卫生间要考虑老年人的行动特征，设置安全辅助扶手、加强地面防滑，并且从空间上考虑轮椅乘行者的进出通畅；公用电话按键要加大号码数字、改进隔音或防噪声设计，保证老年人的识别和通话接听；社区健身设施应加强安全性设计；超市购物车设计应考虑老年人的身高变化和力量变化，提供不同大小的选择，便于推行，必要时可设计附带的休息辅助装置（交费等待时选用），等等。

家庭共用品通用设计：

家庭厨房和卫生间环境设计应首先保证安全性，加强地面防滑、充足照明以及良好的通风，卫生间盥洗池高度适中，避免老年人使用时身体弯曲幅度过大，洁具设置座圈加温、自动冲洗等功能，并且简化其操作内容和流程；考虑老年人蹲起不方便，洁具旁边设置扶手或者座圈增加抬升助力选择等。厨房的台面、橱柜高度及进深要适中或者可调节，频繁使用的主要炊具重量应减轻，使老年人在使用中不致发生危险和不适；灶具点火开关系统应简单实用，不宜太复杂，可增加安全保护功能。

家务工具中，吸尘器设计应减小体量和重量，洗衣机、电饭煲、电话机的设计应简化识别和操作模式，增加老年人可以方便使用的操作选择，如整合常用功能进行一键完成设计；一些功能控制部件设计应适合老年人操作习惯，如用易于控制的旋钮替代触摸按键。

家庭共用消耗品的通用设计，如食品、饮料、佐餐调料和卫生用品的包装设计应将主要使用功能信息进行强调，或者选用醒目的特征差别设计，辅助老年人识别；减小包装开启所需力量，增加包装触摸认知的形态特征或者肌理设计，等等。

选择性消费产品：

医疗产品应侧重老年人的身体特征，在使用识别信息设计上突出关键内容，如用法、用量和禁忌；包装开启形式简单易操作且体量不宜过小，药品服用形式要考虑老年人吞咽的安全方便。

增加娱乐产品的通用性研究，尤其是电子信息类娱乐产品针对老龄人群的设计，如将某些复杂游艺产品功能简化或增加适合老龄人群的功能选择，在娱乐内容、界面设计、使用方式等方面多考虑老龄人群的生理心理特征。

出行工具，如雨伞、拐杖、背包等，其通用设计应考虑老年人的操作舒适和安全性，必要时可以将某些相关产品进行整合，减轻老年人的出行负担。

（2）有待解决的问题。

通用设计目标的理想化，使其在不同社会层面推广都存在着诸多现实问题。首先，国际政治、文化以及经济利益的多元化，从根本上形成了与通用设计理念的背离，阻碍其在更加广泛的世界范围推广和交流。其次，由于人群需求和设计对象本身千差万别，准确理解和满足其中的共性或者以变化方式提供使用具有非常的复杂性，相应的通用设计研究也因此更多停留在理论观念层面，缺少针对性的对策与方案探索。再者，通用设计中强调长远性、社会性的设计行为道德标准，可能会与企业追逐现实利益发生冲突，中小企业很难接受。尽管如此，通用设计作为一种可持续战略理念和未来趋势，必将在动态完善中找到解决的突破口。

本书剖析老龄化社会通用设计可行性与其对社会可持续发展的有效作用，并提出针对老龄化社会推广通用设计的具体策略，虽然在理论梳理、社会人群调查和实践案例分析等方面做了一些工作，也在通用设计的社会作用、设计对象范畴界定、老龄化社会实施对策等方面取得了一些收获和成果，但接续的工作还有待在具体产品领域进行更为量化的通用设计研究和企业实施方案探讨。

从目前国内外情况看，通用设计仍缺少进一步深入的技术手段探索和推广方式研究；更需结合企业生产活动在广泛的社会范围内进行实践尝试。只有在全社会广泛认可接受和具体技术方法完善的基础上，通用设计才可能在普遍实施中发挥其巨大功效。

（3）我国通用设计推广设想。

我国自古就是一个尊老爱幼的国家，针对老龄化社会的现实问题，一定范围内引入通用设计理念势在必行。如图 7.1 所示，通过政府、企业、高校、科研院所的综合投入，及早建立起相应的通用设计指导体系或规范，对社会和谐持续发展具有积极作用。

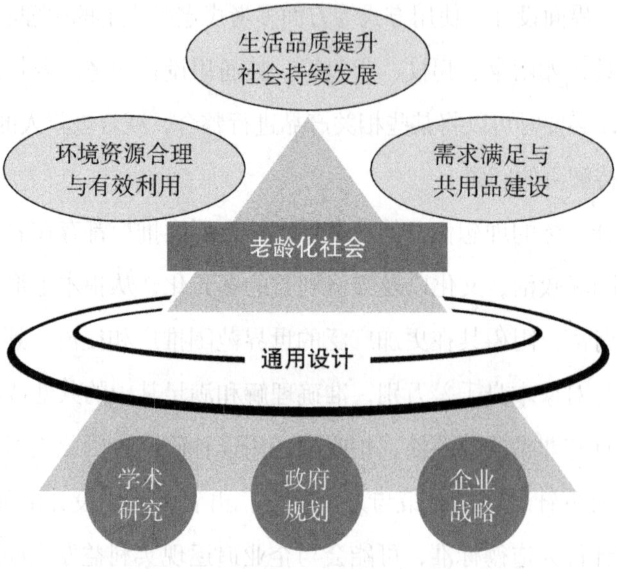

图 7.1　我国通用设计体系建设

目前我国政府已经充分认识到老龄化社会中的无障碍设计问题的重要意义。在这种情况下，结合本人的研究体会，建议政府的行政性指导应由无障碍设计转向通用设计，从大众认知宣传入手，制定鼓励企业发展通用设计的政策，引导企业明确投入通用设计的长远效益和社会作用，使其加强研究与实践力度。一则有助于公众用物观念的进步，更加科学合理地规划资源配置，利于社会长远发展；二则公众认知度的提升会带动企业的通用设计投入意愿，有利于将通用设计理念尽早在全社会推广，促进通用设计体系完善和企业顺应社会的可持续发展，如图 7.2 所示。

高等院校作为科学技术的主要研究场所，在许多领域都起着引导带头作用。目前国家对于设计创新的支持力度也与日俱增，通用设计作为一种顺应可持续发展观念的设计理论更是前景广阔。利用这些大好形势，高等院校可以从诸多层面开展通用设计的研究工作，加快深化我国的通用设计理论体系建设和社会推广进程。

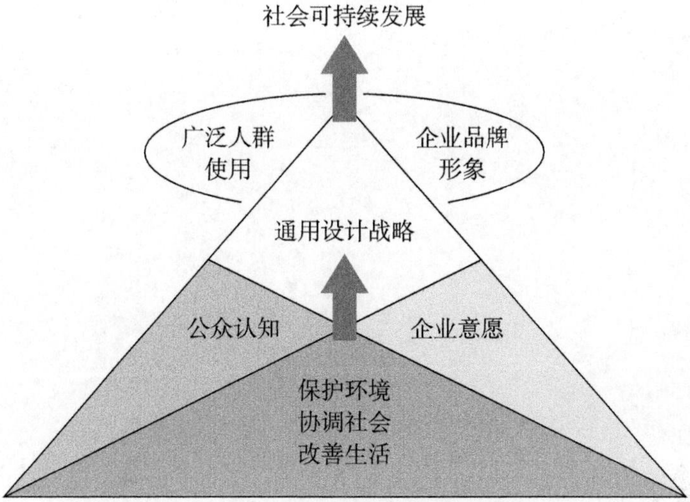

图 7.2 推广宣传通用设计的良性作用

围绕可持续发展观念，“为人类设计”的思想意识正在不断扩展和深化，并逐渐成为一切设计探索的基础。在科技进步和人文关爱为背景的老龄化社会中，通用设计将赢得更多使用者的支持，其具有最大包容性的思考模式和行动目标，必将成为设计理念发展的未来趋势和社会可持续发展所倡导的道德方向。

下篇

通用设计实践之物尽其用

8

CHAPTER

附录：一般设计活动中的通用设计实例

与人口老龄化社会进程中关注资源有效利用的通用设计倡导与实施并存，各类以常规人群为目标用户的设计实践中，或多或少也同样蕴含通用设计理念的创意和定位。这些设计中“通用”或者说是“尽用”理念传递出某种隐隐的感动，正是这种感动被用户人群所认知、认可，才使设计获得成功。下面两个设计实践案例，从不同角度诠释和体现了通用设计理念在当今和未来所具有巨大的发展空间，也梳理了探讨通用设计的一般性思路和实施程序，可以作为此类设计研究与实践的参考和借鉴。

8.1 实例 1

充气式救生艇背包

设计者：熊芳（北方工业大学）

1 课题研究背景

1.1 国内户外旅行的发展现状

随着消费观念的转变和经济收入的提高，旅行已经成为人们休闲的一种方式，中国 14 亿人口旅行需求不断增加，对旅行方式和内容的要求也越来越高，从而形成了高速成长、规模庞大且内部细分的旅游市场。同时，随着旅游的个性化发展，传统旅游已经不能满足人们的需求，越来越多的人，尤其是年轻人开始尝试户外、短途自助旅行，而且倾向于将户外运动与旅游结合起来的新型旅游方式，如：登山、攀岩、潜水、滑雪等。

1.2 国内户外用品发展现状

户外旅行的兴起带动了户外运动市场的发展，户外运动用品市场随着户外运动热也迅速发展起来，几乎武装到了牙齿，不但包括帐篷、睡袋、垫子、登山旅行包、户外服装及鞋、登山攀岩用品、工具刀具、炉具餐具、照明用品等，甚至连户外食品、书籍地图、军品、滑雪装备、马具和其他专项户外运动用品也应有尽有。对很多人来讲，户外运动是一项专业性较强的活动，除了对参与者体能的要求外，还需要户外运动装备能抵御恶劣天气和适应复杂的地理环境，使之成为户外运动的第一道“保护屏障”。但随着概念的引申、模式的改变，户外运动已经成为一种很大众、很时尚的生活方式，户外用品自然也不再局限于专业人士使用。很多以往专注休闲、运动、时尚的品牌也开始加入户外运动用品的行列，越来越多的户外用品在设计过程中考虑到通用设计。

2 调研分析

2.1 国内户外旅行用户行为分析

根据调研访谈户外爱好者以及结合《2015 年上半年中国户外旅行用户行为分析报告》，对国内户外旅行用户进行分析。

2.1.1 用户年龄层分布

目前，越来越多的人加入户外旅行的行列。数据显示：户外旅行用户的年龄层分布中，20~30 岁的为主要人群，占总调查范围的 35%；30~40 岁的人群紧随其后，占 31.31%；40~50 岁及 50 岁以上户外旅行的用户也分别占 17.89% 和 12.63%；而 20 岁以下的年轻群体，由于出行经验较少、经济能力有限等问题，只占 3.16%（见图 8.1)。

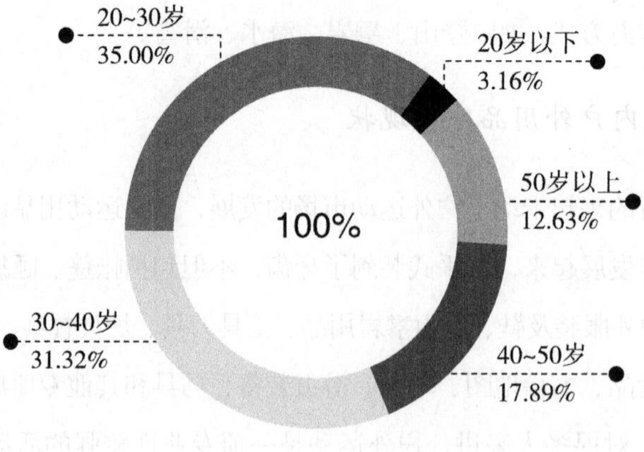

图 8.1 用户年龄层分布

2.1.2 户外旅行男女比例

数据显示，户外旅行用户中男性多于女性，占 68.84%，女性用户占 31.16%，其主要原因是户外旅行多包含户外运动项目等，而这些项目的参与人群男性占比更大（见图 8.2）。

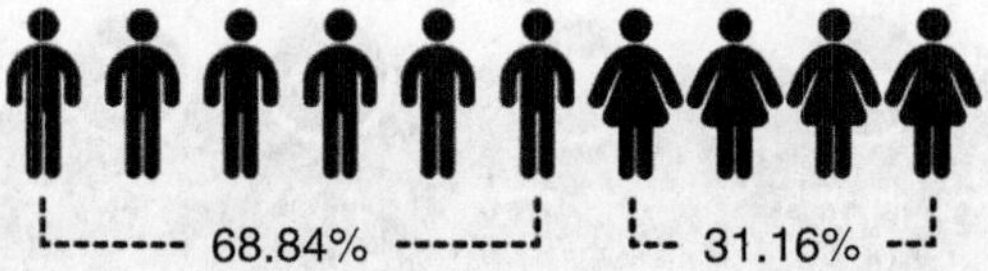

图 8.2 户外旅行男女比例

2.1.3 用户所在地分析

不同城市的经济发展状况影响着人们的消费观念和消费水平，同时影响了户外旅行用户的数量。调研数据显示，户外旅行用户数量最多的十个省市为北京、广东、上海、江苏、浙江、福建、四川、山西、重庆、山东；其中北京占 23.14%，广东占 16.78%，上海占 11.91%，一线城市为主的状况比较明显（见图 8.3）。

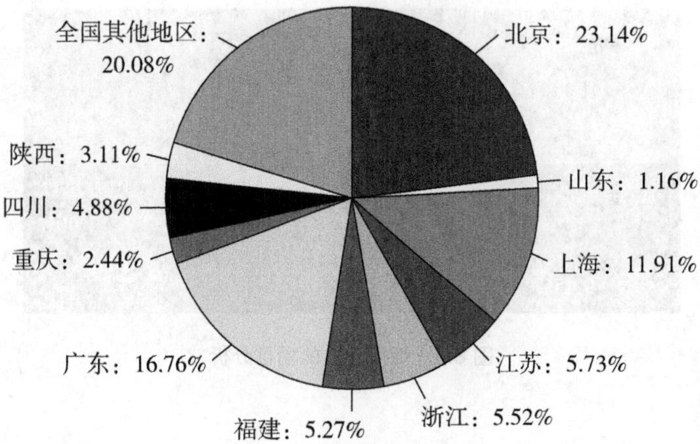

图 8.3 用户所在地分析

2.1.4 国内热门旅行地

数据显示，2015 年上半年，四川、西藏、新疆依然是户外旅行的集中热门目的地，与全年情况吻合；2016 年上半年受滑雪类目带动，东北三省、河北省也成为热门目的地；同时，境外户外出行需求也进一步上升（见图 8.4）。

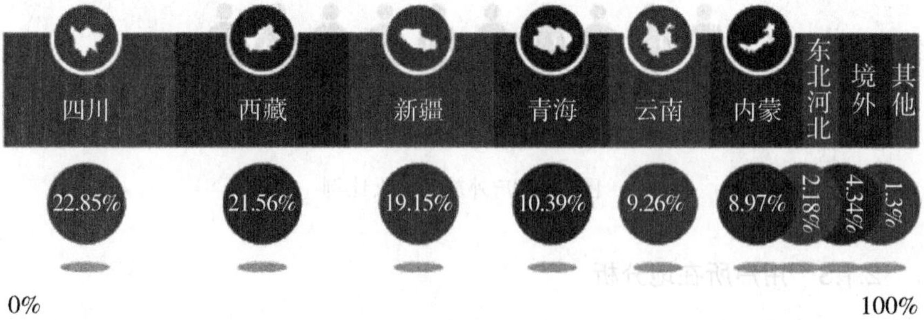

图 8.4 国内热门旅行地

2.1.5 用户喜欢的项目分类

通过调研分析的数据显示，户外旅行项目中徒步、深度游、摄影持续热门，与全年热门类目吻合；滑雪类目在冬季尤其受欢迎（见图 8.5）。

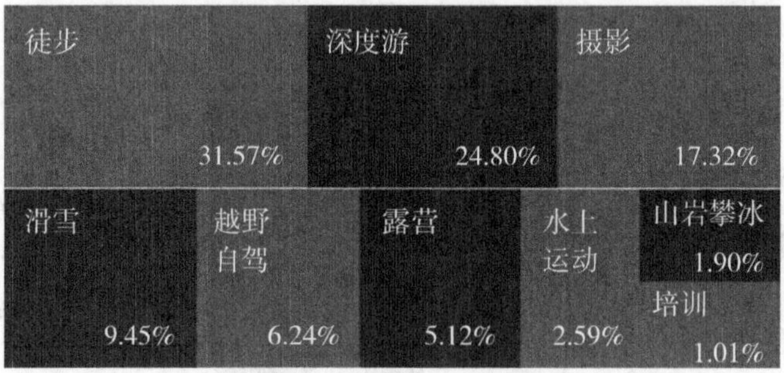

图 8.5 用户喜欢的项目分析

2.1.6 长短线比例

户外旅行产品需求占比中，随着周边游与户外旅行边界的模糊，利用短

假期进行户外运动 + 旅行的人越来越多，整体短线周末活动受到越来越多消费者的喜爱 (见图 8.6)。(注：1~3 天为短线产品，4 天及以上为长线产品)

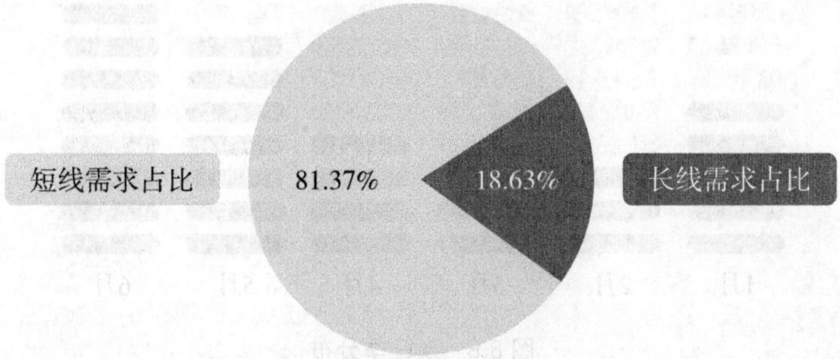

图 8.6　长短线比例

2.1.7　购买长线产品的客单价区间分布

数据显示，长线户外旅行产品中，3 001~6 500 元客单价的产品最受消费者欢迎，预订数据中占 36.9%；其次是 1 001~3 000 元客单价的产品，占 32.25%；同时高客单价的户外旅行产品仍有众多需求 (见图 8.7)。

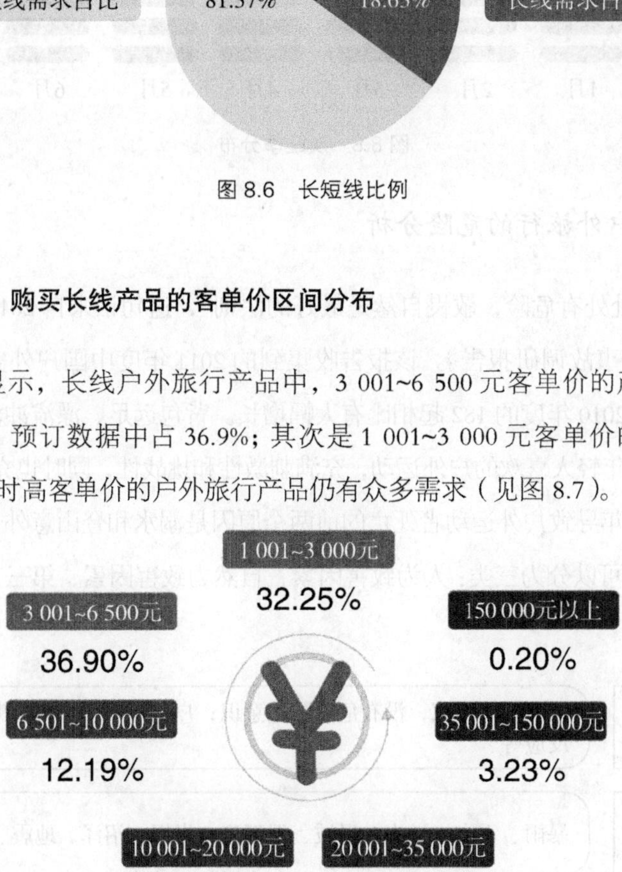

图 8.7　购买长线产品的客单价区间分布

2.1.8　淡旺季分布

每一年的户外旅行都有淡旺季，数据显示，每年 1—2 月为北方的雪季，滑雪类户外旅行广受欢迎；2 月进入春节，出行需求相对较小；4—6 月随着气候适宜户外旅行，需求逐渐升温（见图 8.8）。

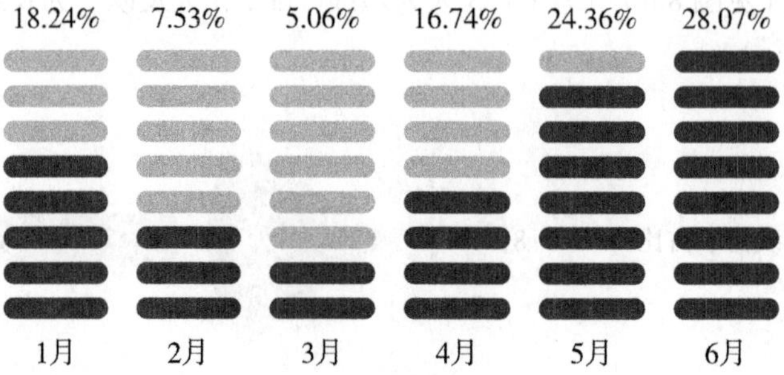

图 8.8 淡旺季分布

2.2 户外旅行的危险分析

“户外处处有危险，敬畏自然是最好的法则”，这句话来自 2011 年度《中国户外安全事故调研报告》。该报告收集到的 2011 年度中国户外安全事故共 492 起，与 2010 年度的 182 起相比有大幅增长。背包远足、漂流冲浪、登山露营这些都是年轻人喜欢的户外运动，充满刺激性和挑战性，同时也充满危险性。据统计，每年导致户外运动者死亡的前两个原因是溺水和登山意外。户外运动的致害因素可以分为三类：人为致害因素、自然力致害因素、第三方致害因素（见图 8.9）。

人为因素	擅自脱离团队，没有危险防范意识；户外中暑、生病、失温、高原反应等
自然力因素	暴雨、雷击、洪水、滑坡、泥石流、崩塌、沼泽、地震、火灾等
第三方因素	迷路、遇毒蛇、遇猛兽、蚊虫叮咬、高空落石、溺水等

图 8.9 户外运动的致害因素分类

户外运动按危险度可划分为：无危险（0），低度危险（1），中度危险（2），高度危险（3）（见表 8.1）。

表 8.1 户外活动危险度特点

危险度	特　　点
无危险（0）	一般的休闲游，如在旅游景点游玩，安全有充分保障的短期野外旅行，线路明了的短期常规山地攀岩。无意外情况发生，行程短，强度低。对参与者没有什么特殊要求
低度危险（1）	多数常规活动，如常规登山、攀岩、滑雪、骑马、游泳等。可能会有意外情况发生，行程中等，强度低，一般有 1~3 次野营。需要参与者有一般的生活常识和较好的心理素质。
中度危险（2）	难度较大的常规山地活动，非常规山地的活动，强度较大的骑马、滑雪活动，未知领域的大强度探索穿越活动，需要特殊户外技能的活动环境。可能有意外情况发生，行程长，强度大，一般有多次野营。需要参与者有良好的心理素质和团队意识，具有一定的户外运动经验和技能（如攀岩、急救等）
高度危险（3）	非常规山地的活动，需要特殊户外技能的活动环境。不可预测和控制的因素多，经常有意外情况发生，行程长，强度大，自然条件艰苦，多次野营。需要参与者有良好的心理素质、丰富的户外经验和较全面的户外技能和较强的团队精神

在这种危险频发的情况下，研究与设计有关人类遇险求生用品，特别是针对户外运动的求生救援用品具有现实意义和商业价值。

2.3 国内户外用品市场分析

据相关统计报告显示：过去 10 年，中国户外用品市场年增速超过 40%，目前市场规模逾百亿元。中国户外用品品牌联盟（COA）发布的《2015 中国户外市场报告》认为，户外旅行、户外赛事必然带入更多体验人群，专业人群规模扩大必将拉动消费，为户外用品行业的发展提供持久的动力。专业户外用品品牌组成的核心市场、体育品牌中具有户外功能的产品、休闲时尚品牌中具有户外功能的产品，以及低端市场中具有户外功能的产品，这四类构成了中国户外用品市场的主体（见图 8.10）。

在国内，户外用品行业是朝阳产业，这也受益于 GDP 的高速增长、城乡居民消费能力逐步提升、城镇化进程和消费升级，户外运动这种积极健康的生活方式在我国呈现出高速成长的趋势，处于黄金发展期。户外运动的蓬勃发展带动了户外用品消费需求的繁荣，未来，中国户外用品将继续保持快速增长的良好发展势头。

图 8.10 户外用品

3 户外用品研究

3.1 户外用品分类

户外用品是指参加各种探险旅游及户外运动时需要配置的一些设备。主要分为六大类：服装类、鞋类、背包类、装备类、配件类、器材类，具体定义及细分产品如表 8.2 所示：

表 8.2 户外用品分类

种类	定 义	产 品
服装类	为户外运动专门制作的穿着于人体起保护作用和装饰作用的纺织产品	上衣、裤子、运动 T 恤、运动短裤等
鞋 类	为户外运动专门制作的穿着于脚上直接与地面接触的产品	登山鞋、徒步鞋、攀岩鞋、高山靴等
背包类	为户外运动专门设计制作的用于容纳物品，单体独立的包裹类产品	登山包、旅行包、骑行包、背架包等
装备类	为户外运动专门制作的、在露营时提供保护的可折叠产品	帐篷、睡袋、衬垫、帷帐、户外家具等
配件类	为户外运动专门制作的用于辅助运动的各种配件	岩点、冰锥、眼镜、手表、GPS、炉具、刀具、登山杖、安全带等
器材类	为户外运动专门制作的大型机械性器具	自行车、救生船、滑翔伞等

据中国产业信息网统计，2013 年这几类户外用品消费额如图 8.11 所示：

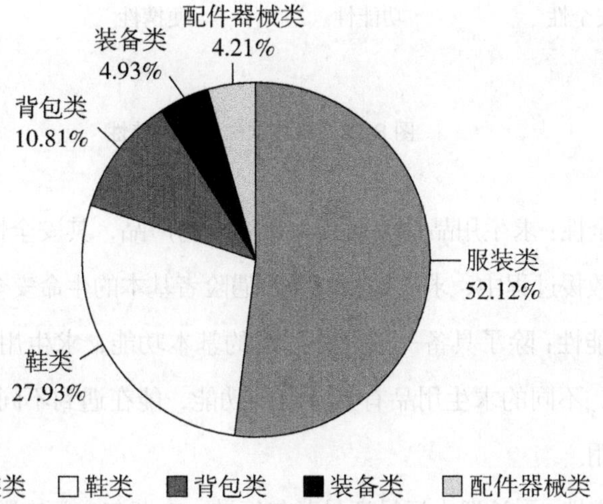

图 8.11　2013 年户外用品销售额

从图 8.11 可以看出，服装、鞋、背包占据了户外用品消费的 90% 以上，符合大众消费者对户外旅行及户外运动的基本需求。

3.2　户外求生用品现状

国外针对户外救援用品的设计和研究，近年来已有了一定的基础和发展。国内对于此类通用性产品的设计虽有一定的认识并进行了一定程度的设计初探，但仍然缺乏系统研究和设计，已有的相关产品也不够成熟和完善。

3.3　户外求生用品特点

3.3.1　户外求生用品的主要特点

户外用品通常要比一般生活用品牢固、实用、便携，并且在人机工程上考虑到减负等特性。而对于户外用品中较为特殊的求生类用品更要保障其安全性、功能性、便携性和易用性（见图 8.12）。

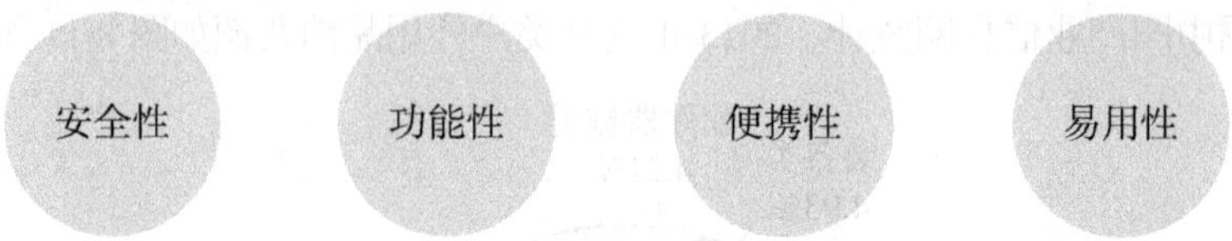

图 8.12 户外求生用品的特性

a. 安全性：求生用品是关系到生命安全的产品，其安全性是最为重要的。在求生或救援过程中，求生用品能保障遇险者基本的生命安全。

b. 功能性：除了具备一般户外用品的基本功能，求生用品还有更高的功能性要求，不同的求生用品有其特定的功能，能在遇到不同险情时起到求救或救援作用。

c. 便携性：无论登山远足还是背包短游，在背包空间有限的情况下，为了行动方便，人们通常会带节省空间的用品，必不可少的户外求生用品更要便携而实用。

d. 易用性：户外运动中，随时有可能遇到危险，求生用品是否简单实用并且能立即发挥救援作用，这关系到生命安危。

户外求生用品设计在注重安全、功能、便携和易用的同时，更要考虑到其通用性，即非救援求生情况下产品是否也可以使用或者产品不会给使用者增加负担。而通用设计的核心思想就是在最大范围内，不分性别、年龄与能力，适合所有人使用方便的环境或产品的设计，通过创造所有人都易接近、可使用的产品，实现对产品使用对象的关怀，这种设计的“人本思想”顺应了社会前进发展的潮流。而通用设计的“少增加”或“不增加”成本的宗旨，也符合现代社会商品设计思想的经济性原则，使其在市场经济竞争环境中表现出更强的生命力。这样看来，户外求生用品的设计应该考虑到通用设计的原则（1.4.2 中已有阐述）。

这些原则为设计实践提供了框架。此外，还需把其他的因素，如经济、文化、环境、工艺等因素融合到设计中。

3.3.2 户外求生用品颜色特点

不同颜色的产品给人带来不同的心理感受，好的产品色彩设计可以协调或弥补产品在其他方面的不足。美国流行色彩研究中心的一项调查表明，在人们挑选商品的时候存在一个“7 秒钟定律”：面对琳琅满目的商品，人们只需要 7 秒钟就可以确定对这些商品是否感兴趣。在这短暂而关键的 7 秒内，色彩的作用占到 67%，成为决定人们对商品好恶的重要因素。

对于户外用品来说，色彩除了影响购买者的欲望，在不同的环境和不同运动项目中更会起到警示、保护等多种作用，对于户外运动者的生命安全也有着不容忽视的作用。很多户外求生类用品不仅要让使用者在关键时刻能通过辨别颜色准确找到而进行自救，更要让施救者能在户外多种复杂环境中通过颜色识别出等待营救的人。因此，户外求生用品的色彩要具有警示性、高识别性，如红色、橙色或黄色（见图 8.13）。

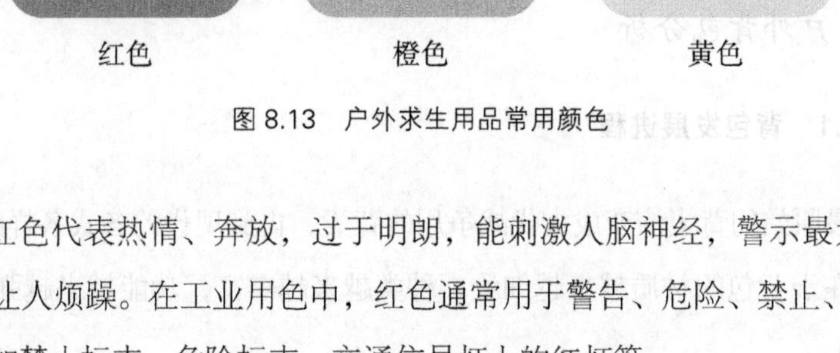

图 8.13 户外求生用品常用颜色

a. 红色代表热情、奔放，过于明朗，能刺激人脑神经，警示最为明显，但容易让人烦躁。在工业用色中，红色通常用于警告、危险、禁止、防火等情境，如禁止标志、危险标志，交通信号灯上的红灯等。

b. 橙色代表活力、动力，是暖色系中最温暖的颜色，明视度高，在工业安全用色中，橙色作为警戒色，如用于登山服装、背包、救生衣等。

c. 黄色代表青春、可爱，让人眼前一亮。在工业用色中，黄色常用来警告危险或提醒注意，如交通标志上的黄灯，工程用的大型机械，儿童用的小黄帽、雨衣、雨鞋等。

4 产品设计

4.1 设计定位

户外求生用品的设计特别要考虑如何使遇险者在最短的时间内得到救助，考虑到不同的户外运动遇险所带来的后果不一样，户外求生用品应具有较强的通用性、适用性和实用性。

通过前期的调研分析发现，除了户外专用服装和鞋以外，户外背包是人们在参加户外运动时必须具备的重要装备。在对户外危险进行调研分析后发现，死亡率最高的危险中有溺水一项，在户外致害因素中也有几项与水有关。根据户外旅行的用户行为分析可知，在夏季户外运动高峰期，很多人会选择去有山有水的地方进行户外运动，大大增加了水上运动方面的遇险概率，而一些极端天气带来的水上危险无论在城市内还是野外更应该值得人们注意。

本课题结合户外用背包进行户外求生装备设计，主要用于解决水上救援问题，对背包类装备及水上救援类装备进行分析并提出设计方案。

4.2 户外背包分析

4.2.1 背包发展进程

从最原始的背囊演变成古代战争用的背囊，再到现代的各式各样的背包，其特点在于背包的材质越来越细致，种类越来越丰富，功能越来越强大（见图 8.14）。

图 8.14 背包的发展进程

4.2.2　背包分类

a. 从背负上可分为内架包和外架包（见图 8.15）。

内架包：内架式背包也有一个架子，只不过被放在了包内侧。内架包的背负系统由铝合金支架、PC 背板、发泡缓冲材料等组成，好的背包还可以根据用户身材调整背负长短高度，从而使背包更舒适。优点：背负舒适，功能细致。缺点：功能单一，价格较贵。

外架包：外架式背包一般由铝合金或者碳素钢外架支撑，外架呈 H 形或“日”字形。中间的横档一般是由织带拉起来的网组成，透气性好。最上面的横档是挂背带的，背带也是用很厚实的泡绵组成，所以背在身上也特别舒服。优点：功能丰富，结实耐用。缺点：重量较大，使用烦琐。

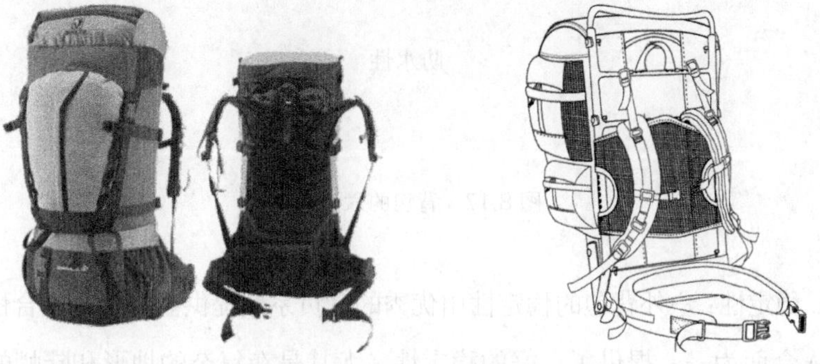

图 8.15　内架包和外架包

b. 从容量上可分为大型包、中型包、小型包。

c. 从功能上可分为登山包、旅行包、自行车专用包、背架包等（见图 8.16）。

图 8.16　背包在功能上分类

4.2.3 背包的六大特性

背包有六大特性是稳定性、背负性、舒适性、防水性、耐用性、多功能（见图 8.17）。

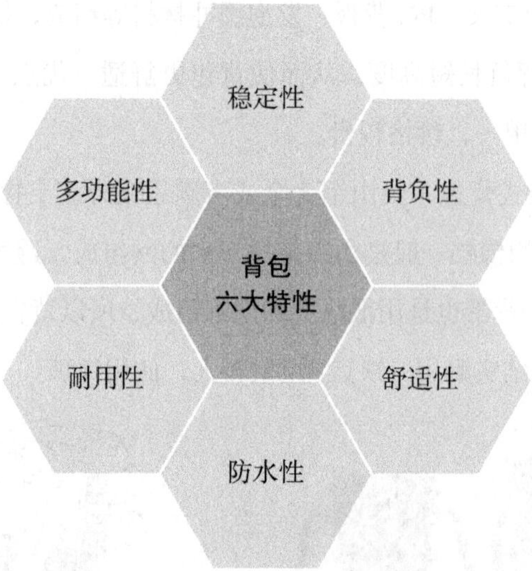

图 8.17 背包的六大特性

a. 稳定性：户外背包的稳定性由优秀的背负系统提供。良好的贴合性使背包与人合而为一，提供了良好的稳定性，尤其是在复杂的地形和陡峭的山路上行走时，能够更好地保证使用者的安全。

b. 背负性：背包将重量分摊在身体的各个部分，尤其是腰部的负重使得背包对上身的压力明显减轻，肩部劳累感消失，使行走时的运动能力和灵活性都有较好提升。

c. 舒适性：背包在分摊重量的同时，也提供了良好的舒适性和透气性。

d. 防水性：在户外环境中，有可能遇到下雨的天气，因而对于背包来说，防止雨水打湿装备是非常重要的。

e. 耐用性：背包作为户外运动中比较常用的一件装备，必须具备良好的耐用性。如尼龙材料 D 数越高，则尼龙越粗，耐磨性越好，重量也相对有所增加。

f. 多功能：户外背包的设计越来越人性化，功能也越来越多。例如：可拆卸顶袋做腰包使用；水袋仓可单独使用；登山杖便携系统；水袋、冰镐固定扣；顶袋提升，容量扩充；等等。

4.2.4　背包设计的想象空间

作为户外装备，户外背包在具体的使用功能、制造工艺与材料上与平常生活中使用的背包有所不同。现在的户外背包已经不仅仅是背负装备的工具，在特殊情况下它甚至可以变为保暖的睡袋或是遮风挡雨的简易帐篷，或者是可以折叠的婴儿车，其通用性大大增加。通用设计的最大特征就是在满足特殊人群需求的同时，也能为普通人群带来便利。更重要的是在设计上掩饰其为特殊人群的特殊考虑，消除特殊人群的自卑心理，使他们能够以与普通人群同样的心态接受这种产品（见图 8.18）。

图 8.18　背包的想象空间

4.3　购买户外背包的用户行为分析

根据淘宝指数和阿里指数提供的数据，对一定时间内搜索或购买户外背包的用户行为数据进行整理并分析，可得知以下几个关键点。

4.3.1　背包、户外背包、登山包的用户量

从淘宝搜索背包、户外背包、登山包的消费者数据来看，搜索背包的用

户最多，搜索登山包比户外背包的用户量多。而且，多数用户在搜索的时候会直接搜索某一类产品，只有一部分用户会去直接搜索想要的专业功能的背包（见图 8.19）。

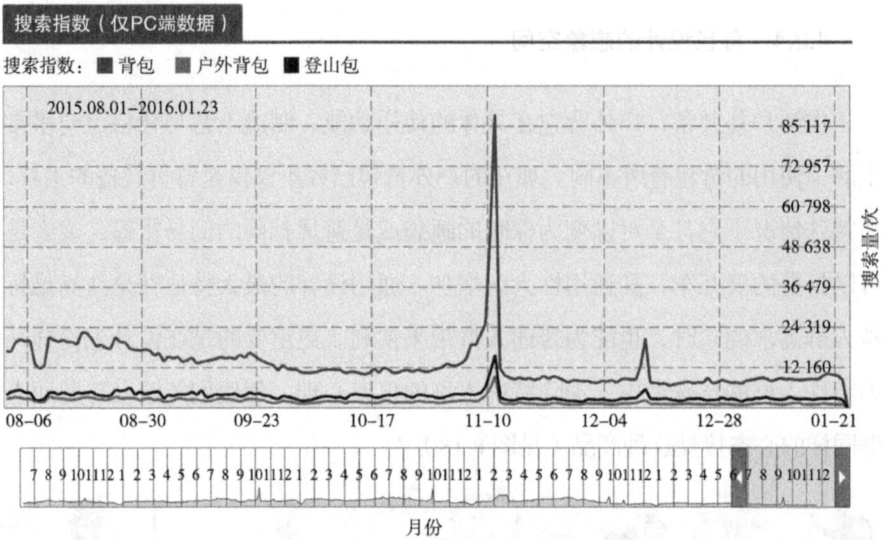

图 8.19　背包、户外背包、登山包搜索指数

4.3.2　背包、户外背包、登山包的用户人群定位

另外，数据显示搜索背包、户外背包、登山包的消费者以男性为主，占 60% 左右。相对来说，年轻人的搜索热度较高，年龄分布在 18~34 岁。这些人中，户外爱好者和运动爱好者居多。以中等以及偏高等消费水平为主。可见，喜欢户外活动、爱运动的消费水平中等及偏高的年轻人将成为背包的消费主力（见图 8.20）。

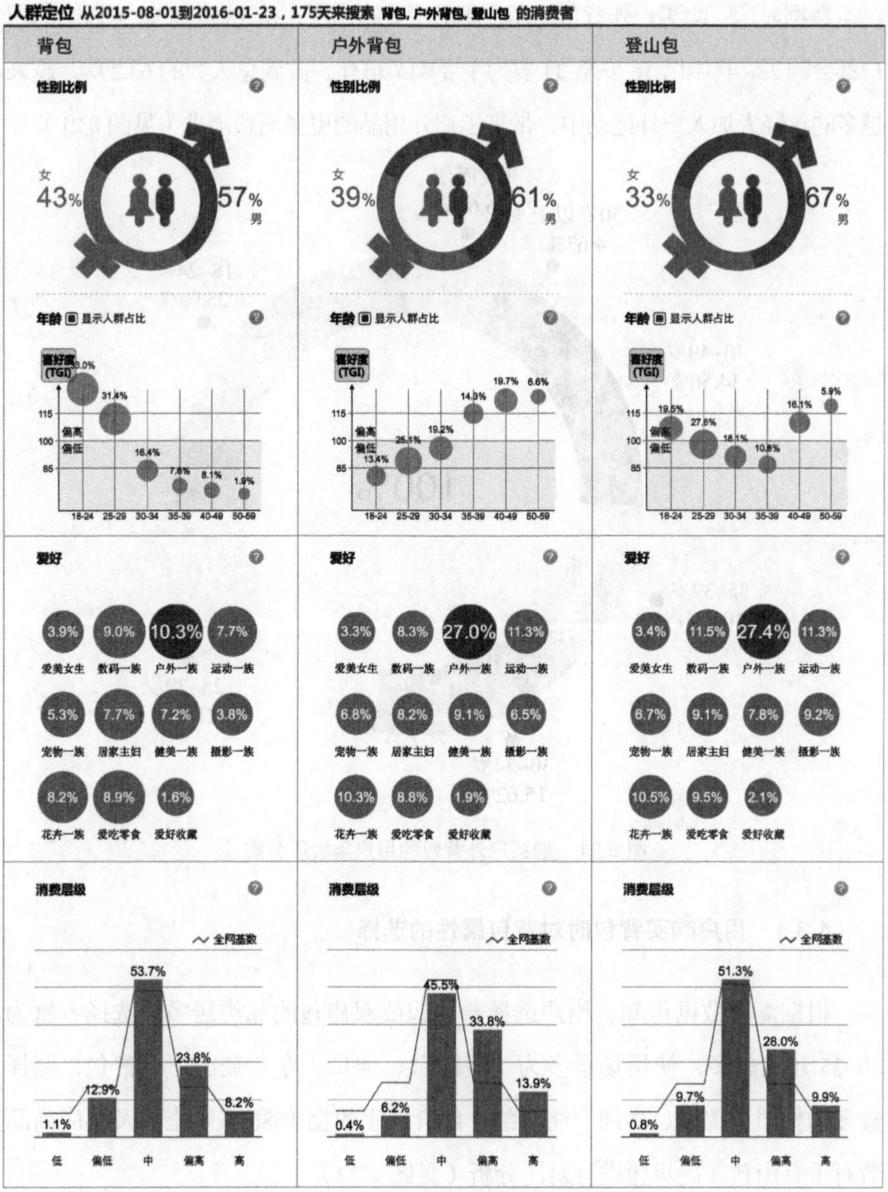

图 8.20 背包、户外背包、登山包的用户人群定位

4.3.3 购买户外背包的用户年龄层分布

数据显示，购买户外背包的用户年龄层分布广泛，从 18 岁到 50 岁以上的用户都会购买。其中以 18 岁至 34 岁为主要购买群体，占到总人数的 63.29%。越来越多的年轻人加入户外运动中，带来了户外用品的更多消费需求（见图 8.21）。

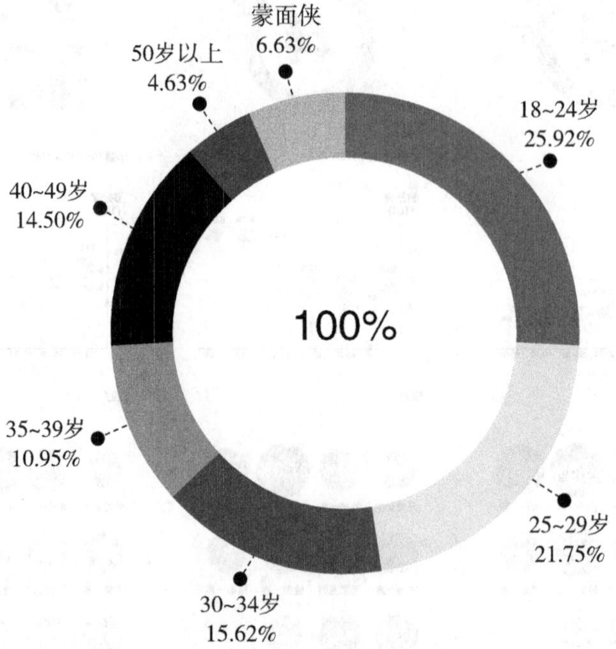

图 8.21 购买户外背包的用户年龄层分布

4.3.4 用户购买背包时对背包属性的选择

根据淘宝数据可知，用户选择登山包或双肩包的品类居多，选择容量为 20~35 升的最多，使用场景多为一般野营、徒步、专业登山、日背包，选择较多的材质为锦纶、牛津、纺涤纶。结合阿里数据 1688 采购指数及供应商品数对于登山包、徒步包进行对比分析（见图 8.22）。

数据显示，在 1688 市场热门产品为登山包，主要应用场景为户外、骑行、休闲、野营、摄影。热度较高的户外运动包为登山包、户外包、骑行包、旅

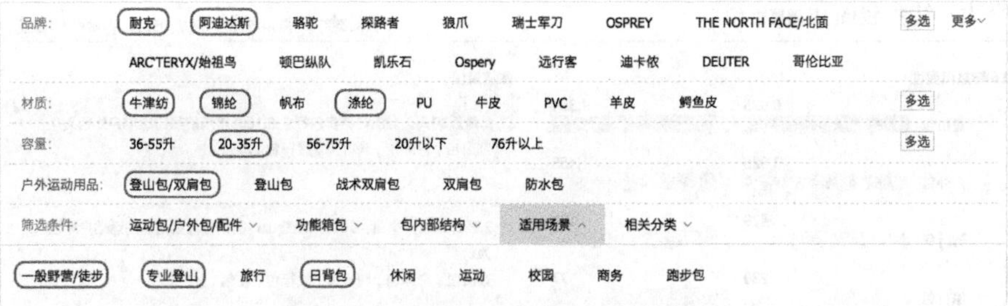

图 8.22　购买背包用户最关注的背包属性

行包、腰包；热门材质是尼龙、牛津布、防水尼龙、帆布。在品牌方面，以银骑士、广州狼奴、夏诺多吉、维仕蓝为主。由于 1688 批发网以中小企业批发为主，该数据可作为商家对背包各属性偏好的参考（见图 8.23~ 图 8.27）。

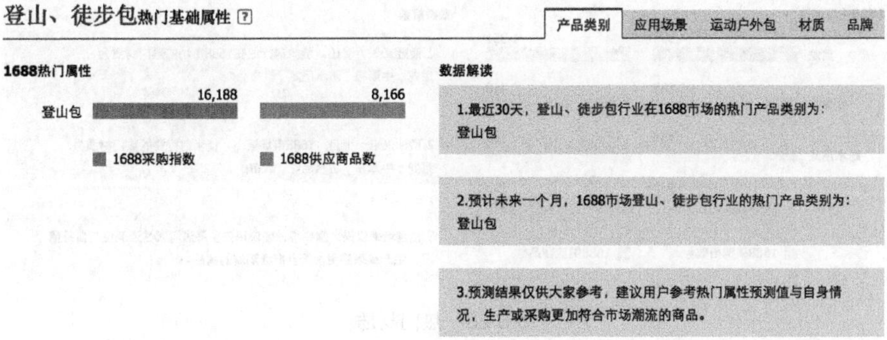

图 8.23　热门产品类别

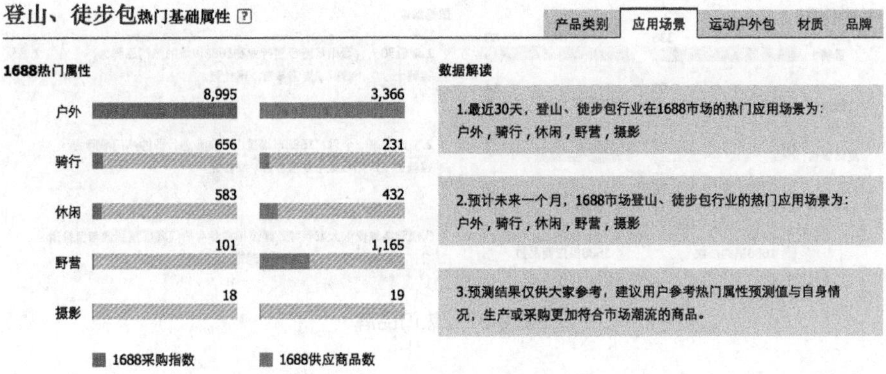

图 8.24　热门应用场景

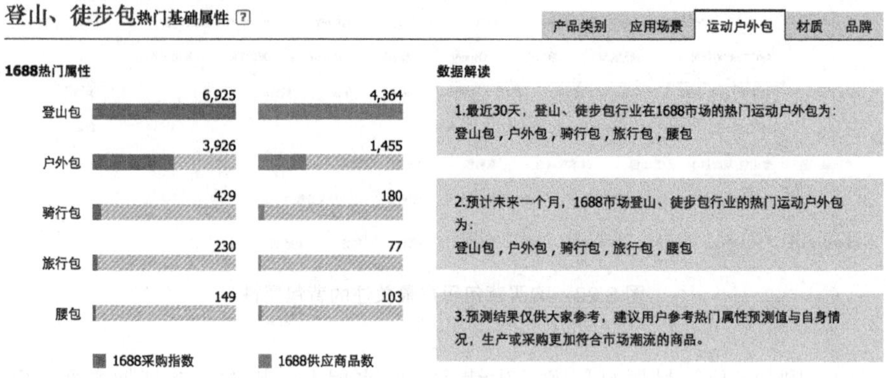

图 8.25 热门运动户外包

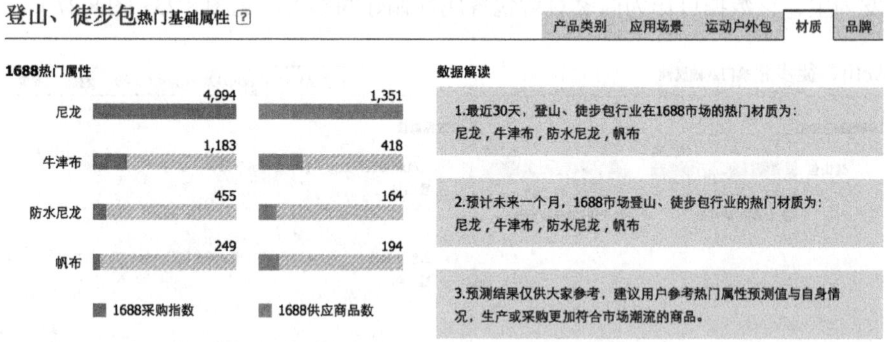

图 8.26 热门材质

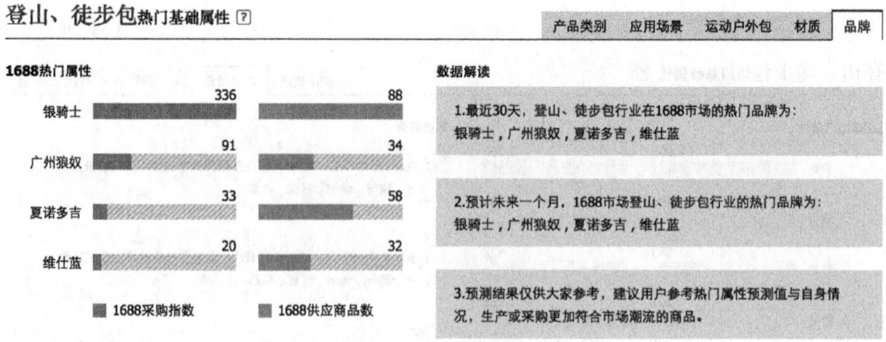

图 8.27 热门品牌

4.3.5 搜索及购买户外背包的用户在全国主要地区分布

从阿里数据和淘宝数据可知，搜索及购买户外背包的用户多分布在一、二线城市，其中沿海城市的购买力明显较高（见图 8.28、图 8.29）。

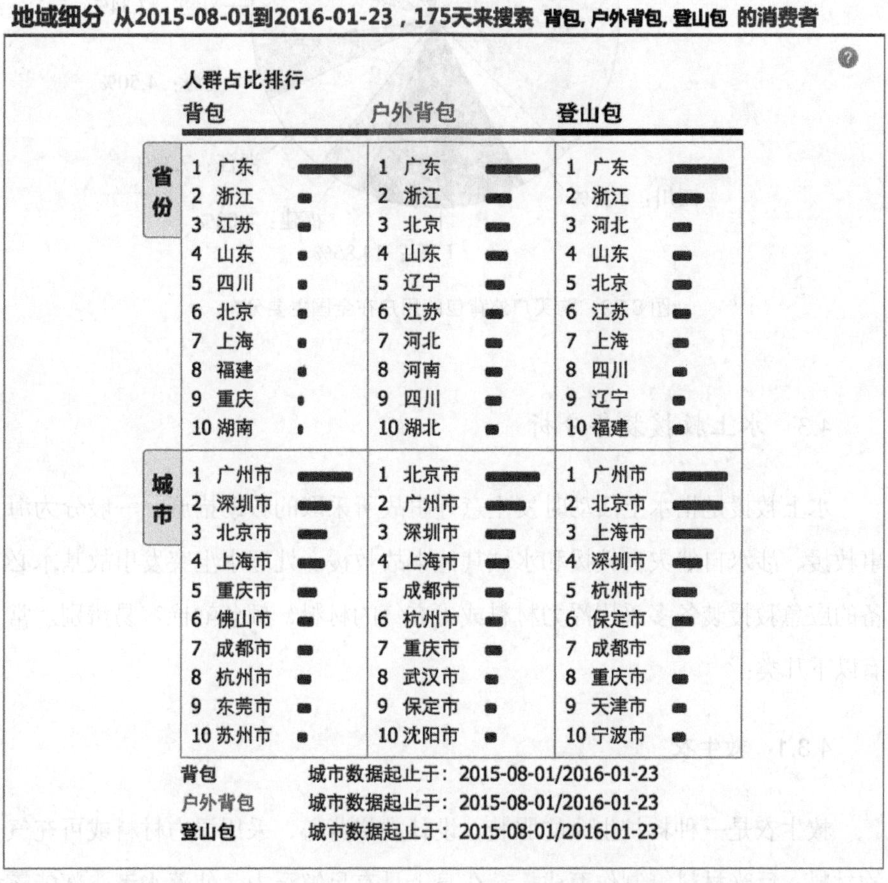
地域细分 从2015-08-01到2016-01-23，175天来搜索 背包, 户外背包, 登山包 的消费者
人群占比排行
背包
户外背包
登山包
省份
1 广东
2 浙江
3 江苏
4 山东
5 四川
6 北京
7 上海
8 福建
9 重庆
10 湖南
1 广东
2 浙江
3 北京
4 山东
5 辽宁
6 江苏
7 河北
8 河南
9 四川
10 湖北
1 广东
2 浙江
3 河北
4 山东
5 北京
6 江苏
7 上海
8 四川
9 辽宁
10 福建
城市
1 广州市
2 深圳市
3 北京市
4 上海市
5 重庆市
6 佛山市
7 成都市
8 杭州市
9 东莞市
10 苏州市
1 北京市
2 广州市
3 深圳市
4 上海市
5 成都市
6 杭州市
7 重庆市
8 武汉市
9 保定市
10 沈阳市
1 广州市
2 北京市
3 上海市
4 深圳市
5 杭州市
6 保定市
7 成都市
8 重庆市
9 天津市
10 宁波市
背包 城市数据起止于：2015-08-01/2016-01-23
户外背包 城市数据起止于：2015-08-01/2016-01-23
登山包 城市数据起止于：2015-08-01/2016-01-23

图 8.28 搜索背包、户外背包、登山包的用户在全国主要地区分布

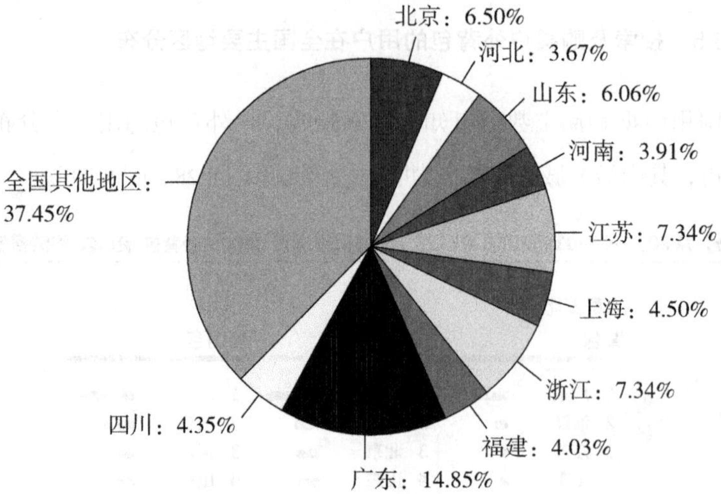

图 8.29 购买户外背包的用户在全国主要分布

4.3 水上救援装备分析

水上救援是指水上活动时发生意外事故所采取的救助措施，一般分为海事救援、涉水自然灾害救援和水域其他事故救援。处理水上突发事故基本必备的应急救援装备多采用浮力材料或可充气的材料，颜色鲜艳容易辨别。常有以下几类：

4.3.1 救生衣

救生衣是一种救护生命的服装，设计类似背心，采用浮力材料或可充气的材料、反光材料等制作而成，穿在身上具有足够浮力，使落水者头部能露出水面，是船上、飞机上的救生设备之一。一般分为浮力材料填充式救生衣和充气式救生衣，通常选择红色、黄色等较为鲜艳的颜色，一旦穿着者不慎落水，可以让救助者容易发现（见图 8.30）。

图 8.30　不同种类的救生衣

4.3.2　救生圈

救生圈是水上救生设备的一种，通常由软木、泡沫塑料或其他比重较小的轻型材料制成，外面包上帆布、塑料等。供游泳练习使用的救生圈也可以用橡胶制成，内充空气，也叫橡皮圈。救生圈分为整体式救生圈和外壳内充式救生圈，国际统一的颜色为橘红色，且无色差，可以配有发光带、可浮救生索、自亮浮灯或自发烟雾信号（见图 8.31）。

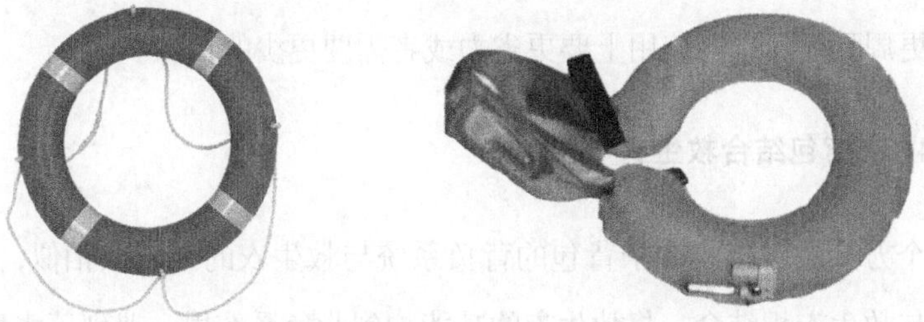

图 8.31　救生圈

4.3.3　水上救援交通工具：救生艇、救生筏

救生艇属于船上重要的应急救援设备，通常在大型船只上有专门的存放地点。当事故发生时，可以将其直接抛到水里自动充气，承载遇险人员逃离险境。还有一种救生筏是用人工合成材料制成的现代筏船，除了在船舶配备，也作为抗洪防灾专用（见图 8.32）。

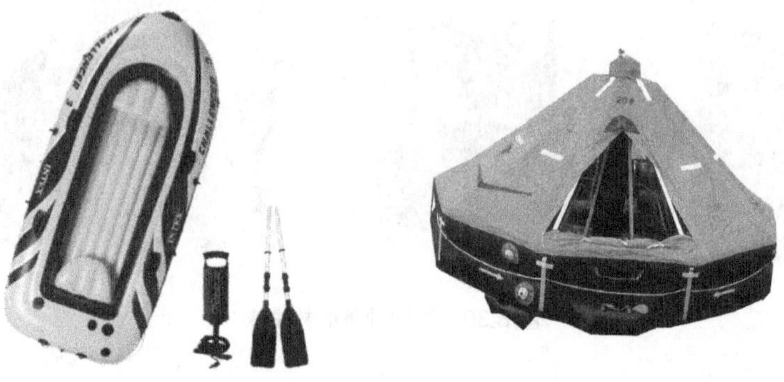

图 8.32 救生艇、救生筏

4.4 设计草案

根据设计定位，结合户外用背包进行户外求生装备设计，主要用于解决水上救援问题，并将通用设计原则运用到户外求生产品设计中，在考虑到户外求生用品专用性的同时，要使产品可以通用。户外用品的使用频率虽不及日常用品，但也是生活中不可或缺的，过于专业的户外产品对使用者的能力有一定的要求，而基于弱势群体能力设计的产品不仅要在安全性和方便性上考虑得更周到，而且在使用上要更省力或者需要更少的步骤。

4.4.1 背包结合救生衣

这个方案的灵感来源于背包的背负系统与救生衣的结构很相似，若将背包设计与救生衣相结合，将救生衣的功能加到背负系统里，遇到落水意外时，可触动背包上的开关，背负系统自动充气形成救生衣，使落水者头部能露在水面上，防止溺水（见图 8.33）。

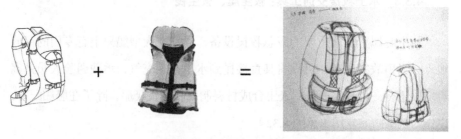

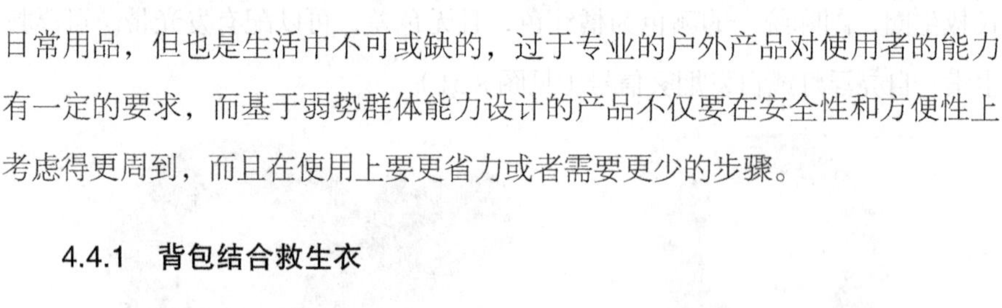

图 8.33 背包结合救生衣

4.4.2 背包结合救生圈

这个方案的灵感来源于救生圈，将背包和救生圈结合，背包护腰部位遇水压瞬间可自动充气成救生圈，将落水者浮在水面上，避免溺水（见图 8.34）。

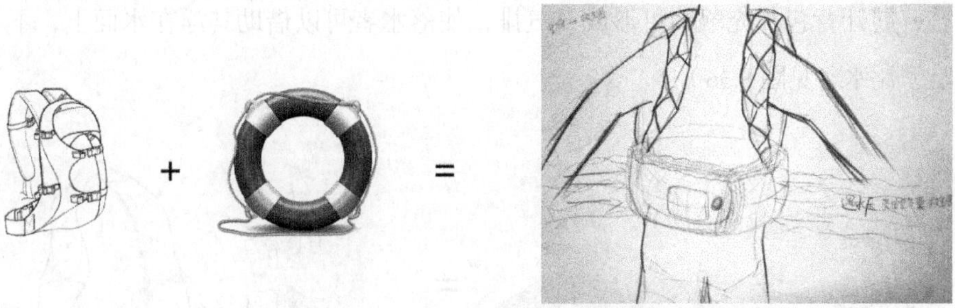

图 8.34 背包结合救生圈

4.4.3 背包结合公用救生圈

如果在河边偶遇有人落水，恰好自己不会游泳，在未被管理的户外水域周边也没有公用救生圈，这时该怎样救助落水者？如果此时手边有个救生圈可以扔给落水者，会对营救带来很大的帮助。这个方案的设计灵感就是来源于此。将背包设计与公用救生圈相结合，把救生圈作为背包的一个可拆卸的配件，可以在背包外侧兜设计一个可弹出式压缩救生圈，背包带上装控制器，遇到别人落水时，即可将救生圈配件弹出来，抛给落水者。在抛的过程中，救生圈可自动充气（见图 8.35）。

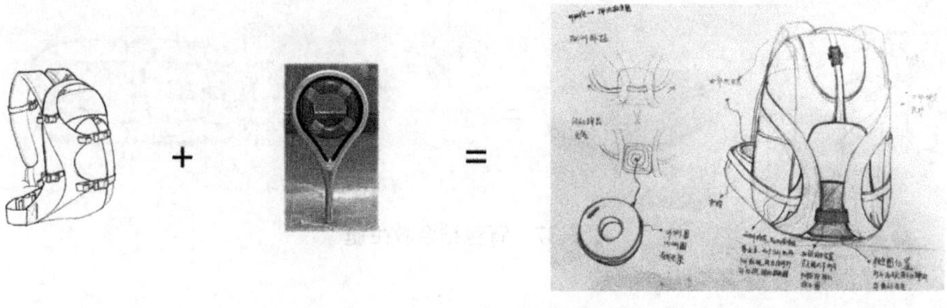

图 8.35 背包结合公用救生圈

4.4.4 背包结合水上充气排

水上充气排是水上休闲娱乐用品，浮力很大，充气速度快，特殊情况下还能充当救生筏使用。若将背包内部设计成充气排的结构和样式，并且能折叠，展开背包并充气即可形成充气排，使落水者可以借助其浮在水面上，不至于溺水（见图 8.36）。

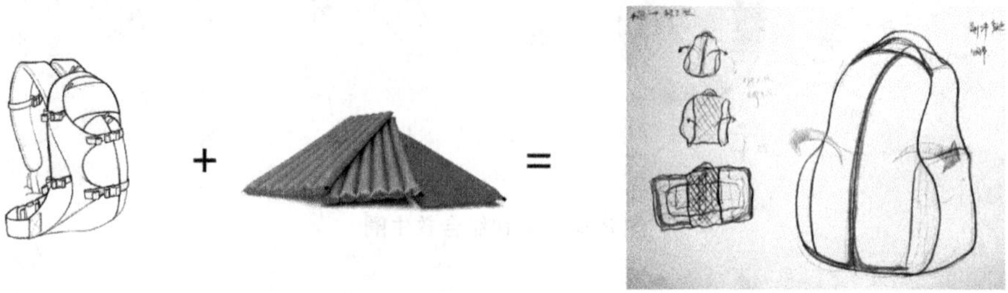

图 8.36 背包结合水上充气排

4.4.5 背包结合救生艇

救生艇相较于救生圈体积更大、浮力更大，可以承重多个人。该方案的构想就是在背包的结构上展开设计，使其结构能够展开成一个单人救生艇，背部的背负系统可以拆卸成救生衣。遇到有落水者，将背包内物品装在内胆包里，卸下背负系统自动充气，快速展开背包形成救生艇，启动自动充气，将其抛向落水者（见图 8.37）。

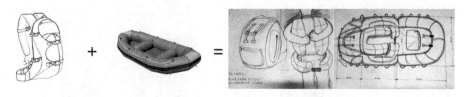

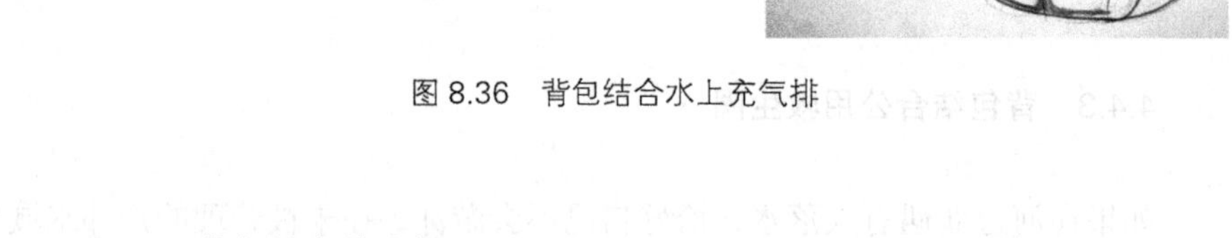

图 8.37 背包结合救生艇

4.5 最终设计方案

4.5.1 产品设计最终方案

最终方案是将背包与水上救援设备相结合的充气式救生艇背包。背包可以满足平时户外运动使用的需要，配有便携式内胆包。背包两侧为全拉链设计，独特的结构可实现将背包展开铺平后可以呈现出一个单人救生艇未充气状态，将背包的背负系统拆卸下来是一个救生衣。救生艇和救生衣均可实现10秒内自动充气。遇到有人落水或自己落水时即可开启救援模式。背包内的物品可以装在内胆包里，防水内胆可以直接当包背。遇险后肩带和腰带可自动充气，起到救生衣作用。背包尺寸为20cm×40cm×50cm，救生艇为单人使用，展开充气后尺寸为150cm×80cm×25cm（见图8.38）。

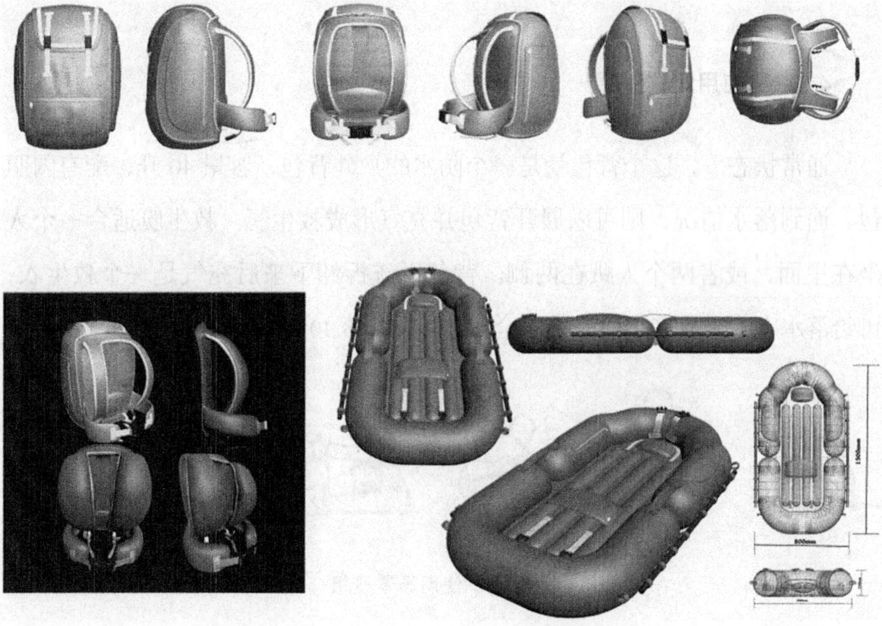

图8.38　最终方案渲染图多角度展示

4.5.2 目标人群定位

根据市场调查以及用户行为分析，充气式救生艇背包的目标定位人群为爱好户外运动、充满探索欲的年轻人及部分中年人，年龄分布在 18~45 岁，以男性为主，消费水平在中等及以上。他们通常会在休息日选择到户外休闲旅行或做极限运动，感受大自然的魅力。充气式救生艇背包既能满足他们基本的户外装带物品需求，也可以作为防潮垫在户外休闲时使用，还可以在关键时刻成为救生艇规避风险（见图 8.39）。

图 8.39 目标人群定位

4.5.3 使用场景设想

通常状态下，这个背包就是一个防水的户外背包，容量 40 升，配有内胆包。遇到落水情况，则可以展开背包并充气形成救生艇。救生艇适合一个人坐在里面，或者两个人趴在两侧。背负系统拆卸下来后充气是一个救生衣，可给落水者或施救者增添一份安全保障（见图 8.40）。

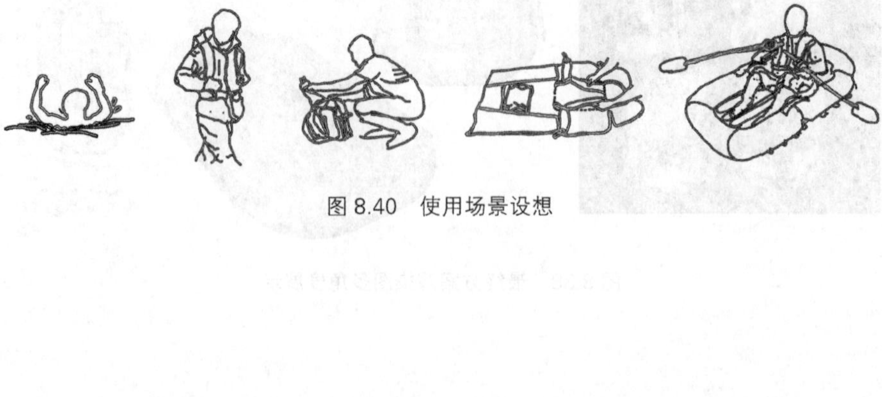

图 8.40 使用场景设想

5　产品制作及验证

5.1　产品结构实现过程

产品设计将背包展开成为救生艇，最主要的问题是如何展开。通过不断探索和修改设计方案，最终将背包两侧做全拉链设计，独特的结构可实现将背包展开铺平后呈现出一个单人救生艇未充气状态，而背包的背负系统拆卸下来是一个救生衣。经过三维模型的推敲，理论上是可以实现的（见图 8.41、图 8.42）。

接下来，是通过制作仿真模型验证这种结构的可行性，确定设计具备可行性后进一步加工制作实物样品。

图 8.41　背包展开成救生艇结构实现过程

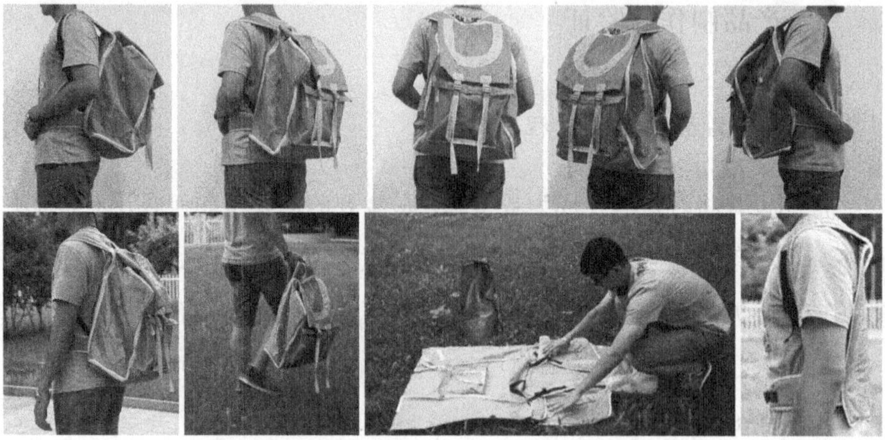

图 8.42 背包模型各角度及展开方式展示

5.2 产品样品制作

5.2.1 背包样品颜色及材质

背包样品选用灰色和橙色搭配。橙色是暖色系中最温暖的颜色，也是户外用品常用的警示性颜色，温暖明亮，辨识度高。灰色具有柔和、中和、平凡的意象，许多高科技产品，尤其是和金属材料有关的产品，几乎都采用灰色来呈现高级、科技的形象。使用灰色时，利用不同的层次变化组合或搭配其他色彩，才不会单一、沉闷，而有呆板、僵硬的感觉。灰色是色彩中最被动的颜色，受有彩色影响极大，靠临近的色彩获得自己的生命。近冷则暖，近暖则冷，最有平静感，是视觉中最安静的色彩，有很强的调和对比作用。所以，以灰色为主体，平和而安静，橙色作为搭配色，将背包上重要的功能部位用橙色表示，如反光带、背负系统、拉链，在户外活动中可以清晰辨识，准确操作。

材料选用进口的高密度 PVC，厚度 0.5mm，耐高低温、耐磨损、耐腐蚀，且有高强持久的黏合牢度，在较大压力下可以保持良好的气密性（见图 8.43）。

图 8.43 进口高密度 PVC 材质

5.2.2 制作过程

由于手工制作的背包模型实现了背包展开成为救生艇的结构，在加工厂制作背包样品时，就可以直接选材料，依照 1 ∶ 1 模型的尺寸画样、剪裁。由于高密度 PVC 橡胶特性，为保证气密性要采取胶粘工艺。受背包体量及功能限制，决定救生艇主体采用双层独立气室，每层用一整块高密度 PVC 橡胶。为保证双层材质黏合强度高、气室内空气流通顺畅，要在内部用加强筋。首先要确定加强筋位置，及所需加强筋的数量及长度，制作加强筋并将其牢固黏合在第一层 PVC 橡胶上。所有加强筋黏合完毕，在加强筋上刷胶，将第二层 PVC 橡胶覆盖在已黏合好的加强筋上，并完成胶粘。充气口在覆盖第二层之前安装。胶粘过程完成后要放置 24 小时，待胶干。然后试充气，检查是否有漏气处，将未能充气部位拆开重新胶粘。多次充气放气试验后，确认充气功能可以实现。在胶粘的同时，准备背包的配件：缝制拉链，挑选背包扣件，制作肩带、腰带等，并将肩带和腰带等部件制作成背负系统。准备好配件，开始配件胶粘过程。确认拉链、侧兜、背负系统接合处的胶粘位置，并完成胶粘。此时，收起拉链即可呈现背包形态。展开背包并充气，即可呈现救生艇形态（见图 8.44）。

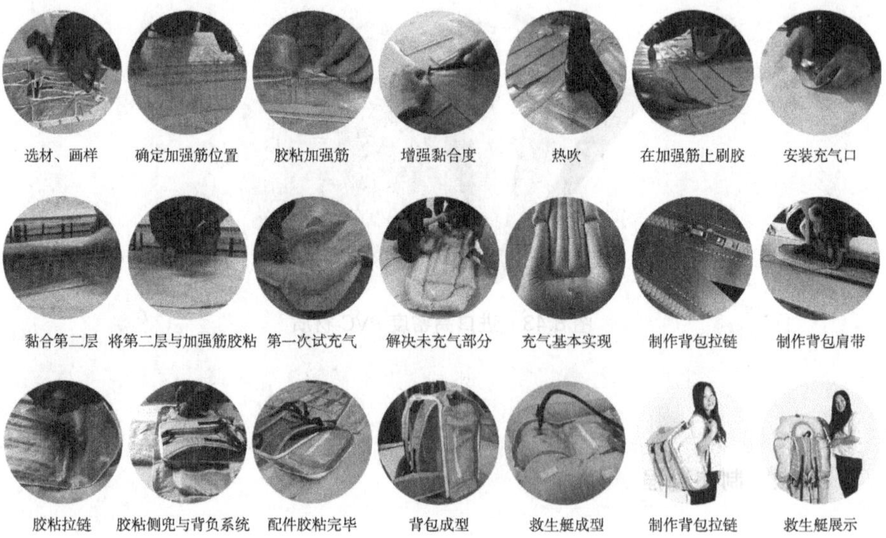

图 8.44 背包样品制作过程

5.3 水上验证

经过游泳池实际验证，救生艇充气状态可承重 100 千克以上。现有的样品为手动充气，充满气所需时间 60 秒左右；若采用自动充气，充气时间预计在 10 秒左右（见图 8.45）。

图 8.45 水上验证

6　产品展示

6.1　产品实物展示

产品实物展示见图 8.46、图 8.47。

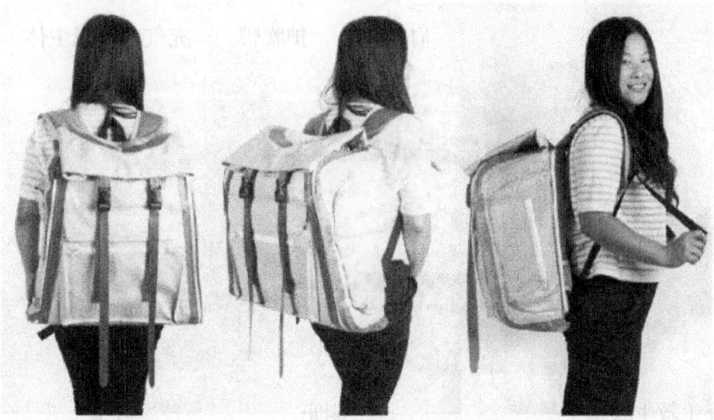

图 8.46　背包实物展示

图 8.47　展开充气状态的救生艇实物展示

6.2 背包细节及人机尺寸

6.2.1 背包展开细节

背包展开细节见图 8.48。

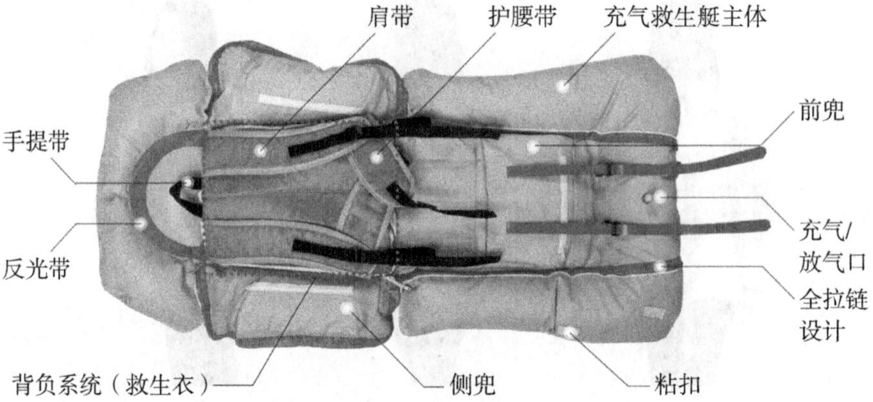

图 8.48 背包展开细节

6.2.2 人机尺寸

人机尺寸见图 8.49~ 图 8.51。

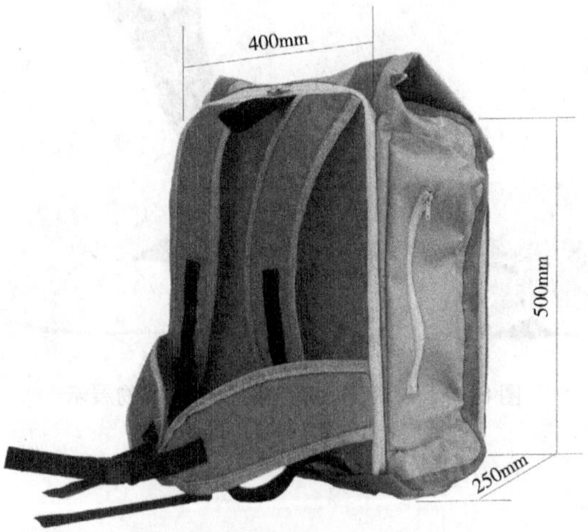

图 8.49 背包尺寸

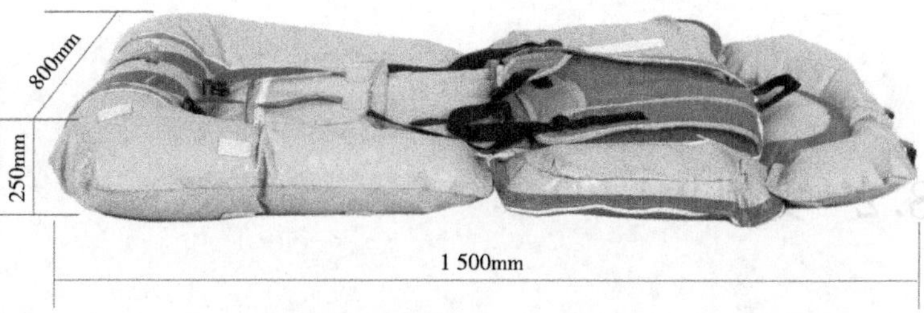

图 8.50　充气救生艇尺寸

图 8.51　人机比例

6.3　总结

这款充气式救生艇背包只做到样品阶段，并且还未完全实现自动充气功能。在后期的产品研究中，将会继续完善并增加定位模块、求救信号发射模块、求救哨子、便携船桨等功能配件，可以通过手机远程查找到背包位置等功能。产品的通用性可在使用场景上体现，充气式救生艇背包既能满足人们基本的户外装带物品需求，也可以作为充气防潮垫在户外休闲野餐时使用，还可以在关键时刻成为救人一命的救生艇。

8.2 实例2

关注成长与使用的两例设计

设计者：岳涵（北方工业大学）

1 通用设计的时空方向解析

通用设计主要是指在产品设计的过程中尽最大可能扩大使用人群的一种创造性的设计理念。其核心思想是：把所有人都看成是程度不同的能力障碍者，即人的能力是有限的，不同人群的能力不同，同一人群在不同境遇下具有的能力也不同，通过设计的协调使产品面向更广阔的使用群体和范围。

根据不同的使用人群和范围，设计的通用性又可以分为时间维度和空间维度两类，以及身体残疾者与正常者使用产品的功能和需求差异上的通用。

以通用设计的时间和空间两个维度进行设计实践活动，如图8.52所示，可以看到通用设计的两个宏观方向，即时间轴方向和空间轴方向。时间轴主要考虑的是在通过设计的构思之初，着重考虑如何延长产品的使用时间，使产品变得通用；空间轴（使用范围轴）主要考虑如何扩大产品的使用范围，从而使产品变得通用。这种使用范围的扩大，不是简单的、硬性的扩大，而是通过对产品形态和结构上的改变，达到使产品发生形变后成为另一类产品的目的，从而满足不同的使用需要和使用人群。时间与空间构成我们生活的现

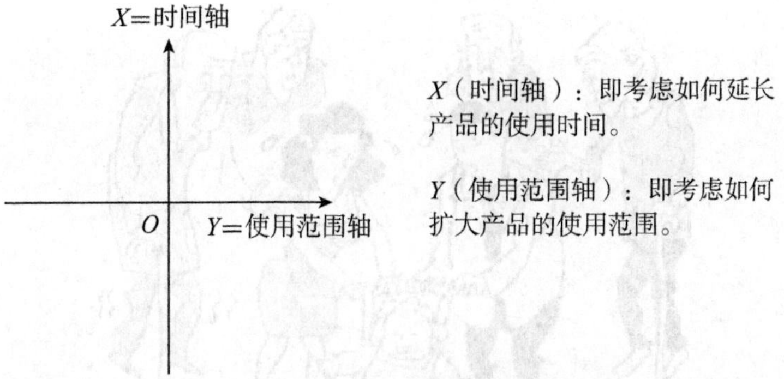

图 8.52 通用设计的时间维度和空间维度

实世界，也是当前通用设计中最常见的两大设计趋势。

2 通用设计时间轴案例——Growing 多功能婴儿车设计

2.1 设计立项

Growing 多功能婴儿车设计源自一个关于儿童用品设计的课题。

当今社会消费市场，儿童衍生产品市场份额比重越来越高，并且伴随着“4-2-1 家庭”的普及化，儿童在家庭中的地位越来越重，随之而来的是充盈的物质基础和惊人的资源浪费，如何通过设计对该现象加以改变？试选一类儿童产品进行设计创新，可充分在以下方面进行思考，如新材料、新结构、新工艺、新形式等，体现产品的创新性、生态性、通用性等。

2.2 设计调研

2.2.1 “4-2-1 家庭”分析

在课题下达以后，笔者首先认真研读了命题内容，并对“4-2-1 家庭”做了一定的资料调研，如图 8.53 中的漫画就是这类家庭的一个现实写照。

图 8.53 “4-2-1 家庭”漫画

所谓“4-2-1 家庭”，即四个老人、一对夫妻、一个孩子。随着第一代独生子女大多已进入婚育年龄，这种家庭模式开始呈现出主流倾向。而这种“倒金字塔”的家庭结构，也衍生出一些现实问题来。如何养老，如何教育孩子，身处“上有老、下有小”的中间层承受着巨大的压力，在这种现实情况下自然会催生出一种新的模式，即“家庭金字塔”模式（如图 8.54 所示），孩子在家中处于最重要的地位，即金字塔的顶端，其他六口人都以不同的形式对其进行服务和供养，这客观上造成了处在顶端的儿童在物质方面有更多的选择和需求，也容易造成极大的物质浪费。

图 8.54 “家庭金字塔”模式

2.2.2 婴幼儿用品发展现状

相关资料显示，近年来经济的增长主要是靠需求的增长来拉动的，而在影响需求增长的要素里最主要的就是消费需求。消费需求包括原有人口和新增人口的消费需求，但在短时间内原有人口的消费要素不会有太大的波动，但新增人口的需求却有效地拉动着社会经济的增长。尤其是 2016 年实行的二胎生育政策，使人口红利对社会经济的推动作用会越来越可观。

国内婴幼儿用品市场的潜力巨大，中国人口总量超过 14 亿，其中我们的目标消费人群中仅 0~3 岁的婴幼儿就约占 4.98%，加上 4~7 岁的幼儿，潜在消费人口总量超过 1 亿，市场潜力惊人。

20 世纪 90 年代中后期，随着我国经济的快速发展，家庭消费的重心从满足家庭的基本生活需求逐步转移到越来越关注生活的品质和质量以及对子女的物质投入方面，国内婴幼儿用品市场进入高速发展期，平均每年的消费递增速度远远高于同期社会商品的零售增幅，并且由于人口基数较大，国内婴幼儿用品市场具备相当稳定数量的目标消费群，每年具有超过 1 000 亿元的市场规模。随着人们生活水平和受教育程度的日益提高，人们的思维方式和生活观念都在发生着改变。人们越来越关注对孩子的培养和教育问题，在育儿观念等方面也正在发生巨大改变。这也正是近年来包括衣、食、住、行、玩、智力开发等婴幼儿用品市场逐步升温的内在动因所在。

2.2.3 婴幼儿产品发展趋势分析

纵观整个婴幼儿产品市场，未来的发展趋势将呈现以下几个特点：

（1）产品不断细化。

20 世纪 90 年代以前，我国婴幼儿产品比较单一，品种稀少，更谈不上产品的细分。近年来，随着婴幼儿产品跨国生产商相继进入中国市场，婴幼儿产品的品种不断丰富，呈现出明显的细分趋势，不仅体现在年龄段上，在功能和功效上也都开始进行细分。

（2）新品种层出不穷。

现今，国内市场上婴幼儿护理品不仅品种众多，而且各种功能性强且能满足母婴各方面实际需求的新品种也层出不穷，母婴群体得到了全方位的关爱和呵护。

（3）产品设计更趋人性化。

如果产品不能进行人性化方面的设计变革，那么厂商就会在营销上对这方面进行弥补。婴幼儿作为特殊的消费主体，对日常用品有着特殊的需求。

（4）产品智能化趋势。

随着科学技术的进步以及消费水平的提高，消费者对玩具产品更加追求“新、奇、特”等特征和功能，以移动外设、智能控制为主要卖点的高新技术玩具将成为新宠。未来的儿童玩具市场中，在语音识别、文字图形识别、语音处理变化、动作语音操控、移动互联网玩具、人机交互系统机器人等方向会形成更多的智能化儿童玩具产品。

3.1 产品的选择和提取

儿童产品的种类和分支众多，为使通用设计有代表性，需要选取使用频率高且浪费现象明显的产品。通过筛选，最终选择了使用频率高、范围大的婴童车类产品进行通用设计改良。

3.1.1 儿童车类产品的市场调研

儿童车类产品根据儿童不同年龄段和用途，主要可以分为婴儿车和儿童玩具车，其中儿童玩具车又可以细分为儿童三轮车、儿童扭扭车、儿童乘坐式电动玩具车、儿童滑板车等（如图 8.55 所示），其中婴儿车和儿童三轮车的使用频率高、范围大。调研发现，在城市中几乎所有的新生儿家庭都会为孩子配备各种婴儿用品，占比最大的就是婴儿车，而这些婴儿车中绝大部分是新车，只有少部分家庭会使用二手车。二手车的来源渠道一般为亲戚朋友的馈赠以及二手物品交易平台。而这些价格不菲的“婴儿必备品”却在孩子长到 3 岁后没有了用武之地。调研中还发现，儿童在 3 岁以后很少再使用婴儿车，而这时的婴儿车多半会闲置在家中或者送给其他需要的亲友，这些闲置在家中的婴儿车本身就是很大的资源浪费（如图 8.56 所示）。因此如何能够有效地延长婴儿车的使用寿命成为本次设计的重点方向。

图 8.55　市场儿童车类产品

图 8.56　现有婴童车的使用现状

细分调研——婴儿车市场调研：

婴儿车是一种为婴儿户外活动提供便利而设计的工具车，是婴儿成长过程中必不可少的用品。

一般而言，婴儿车可以分为四种类型，其中亚洲市场的婴儿车则主要分为 A 型和 B 型两大类。A 型车在婴儿满 2 个月，头部能支撑起来后使用；B 型车在婴儿满 7 个月左右，可稳当坐立之后使用。无论哪种型式，都可用到

3 岁左右。两种车各有所长，A 型车适合外出散步，B 型车适合乘坐交通工具或外出购物（如图 8.57 所示）。

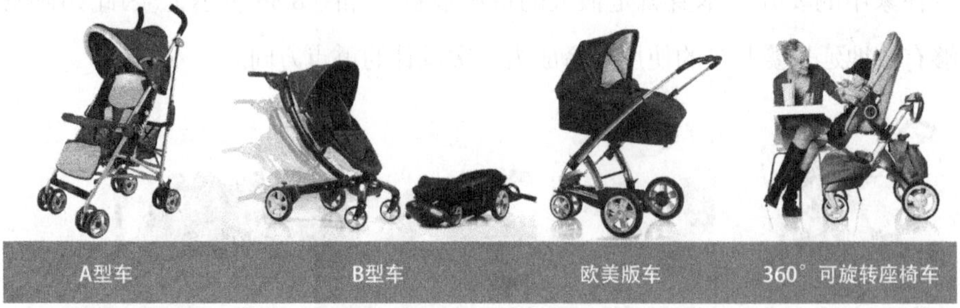

图 8.57 四种婴儿车型

A 型婴儿车（即全功能婴儿车）

A 型婴儿车车轮较大，且有避震功能，地面凹凸不平带来的颠簸感较少，婴儿坐着会感到很安全，且有利于婴儿大脑发育，婴儿可平躺在车中，175° 平躺较适宜，既可防止吐奶，又利于骨骼生长发育，即使婴儿睡着了也不必担心。但是这种车比较重，很占空间。

B 型婴儿车（即轻便折叠婴儿车）

B 型婴儿车小巧轻便，手柄操控简单，转弯方便。可在通道狭窄的商场或者拥挤的场所使用。这种折叠推车婴儿可坐可躺，折叠后即便在公交车里也不占地方，可放进汽车后备厢或旅行箱中，出远门的时候比较方便。与 A 型车比起来，座椅稍窄，可调节的角度较小。

欧美型的婴儿车

上述 A 型和 B 型婴儿车是亚洲的规格，欧美产的婴儿车与亚洲不同，这种车可躺倒，像 A 型车，但又像 B 型车那样容易收纳。欧洲有很多石板路，因此婴儿车的轮子都做得大而结实。美国还有可供两名婴儿共同乘用的双人婴儿车和三轮的童车、超轻的伞柄车。

座椅可 360° 旋转的婴儿车

这种车在市面上比较少见，除可平躺以外，座椅可 360° 旋转，并且不用提起座位，并有 0° 、90° 、180° 、270° 四种不同的角度定位，方便婴儿向不同的方向观看，0° 方向向前看，90° 和 270° 方向可以看路两边的风景，不用看大人的脚后跟和去闻汽车尾气，180° 的方向正面对着妈妈。

通过图 8.58 中婴童车供需关系数据可以看出，在 2016 年之前，整个婴童车市场的供需关系基本处于平衡状态，甚至供略大于求，但自 2016 年 1 月 1 日起至 2016 年 3 月 13 日，市场对婴童车的需求量明显增大，供需关系出现极大的不平衡状态，这与 2016 年国家实行新的二胎生育政策和猴年出现的生育高峰有一定的关系，也预示着随着二孩政策的落实，婴童车市场会持续保持稳定的需求状态。

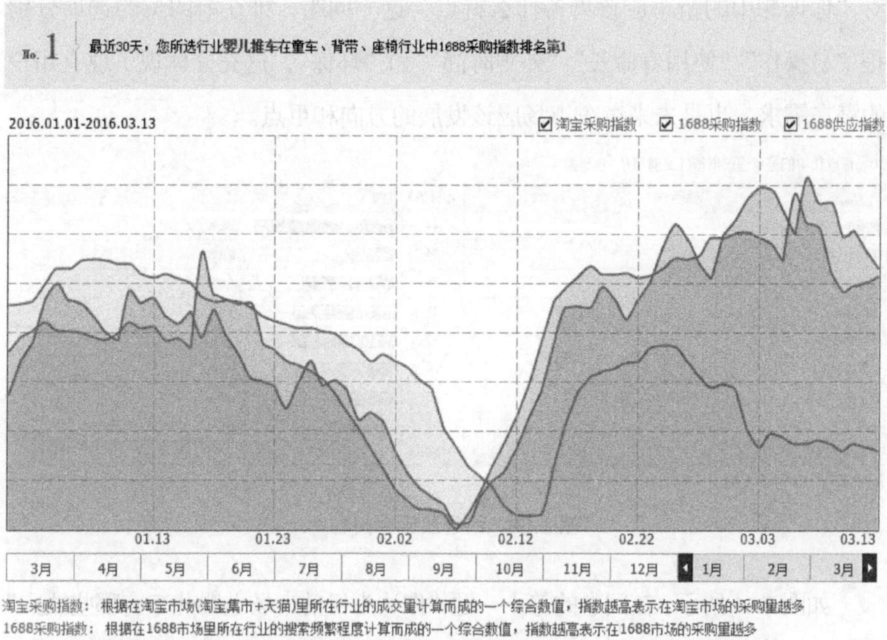

图 8.58 阿里数据中婴童车供需关系数据

从图 8.59 中可以看到，有 50% 的人采购了价格高于 809 元人民币的产品，这说明了婴童车需求人群对产品的品质需求的上升和婴童车具备的利润空间。

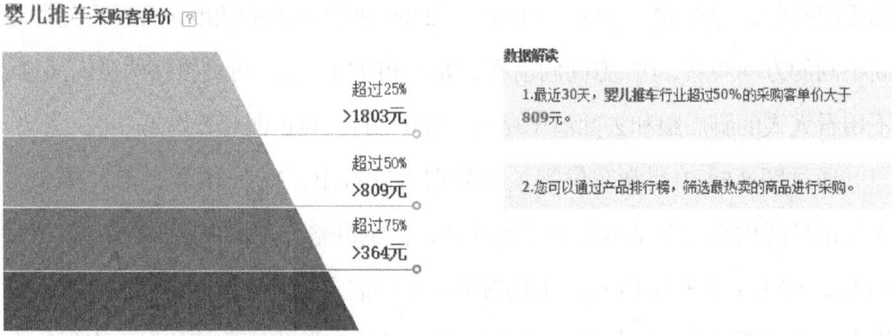
婴儿推车采购客单价
超过25%
>1803元
超过50%
>809元
超过75%
>364元
数据解读
1.最近30天，婴儿推车行业超过50%的采购客单价大于809元。
2.您可以通过产品排行榜，筛选最热卖的商品进行采购。

图 8.59 阿里数据中婴童车的采购单价比例

如图 8.60 所示，在专业互联网调研平台问卷星的一份 50 人次的问卷中，对“你理想中的童车应该具备什么特点”这一问题，排在前四位的选项分别是“易操作”“使用寿命长”“外观时尚”和“环保”，这充分体现了现有用户的潜在需求，也是未来童车市场应该发展的方向和重点。

10、你理想中的童车应该具备什么特点？ [多选题]

选项	小计	比例
易操作	44	88%
体积小	14	28%
环保	28	56%
外观时尚	32	64%
使用寿命长	39	78%
安全性能好	24	48%
能折叠、伸缩	20	40%
转向灵活	20	40%
本题有效填写人次	50	

查看多选题百分比计算方法

图 8.60 问卷星平台问卷 1

如图 8.61 所示，在问卷的第十一题“你认为目前市场上婴儿车有哪些缺点”的选答中，排在前三位的分别是“功能单一”“使用周期短”和“不易停放”，这些现有婴儿车反映出的问题就成为我们之后设计中的着重点和设计点。

如图 8.62 所示，阿里数据显示，与婴儿推车相关联的产品主要有：①儿童电动车；②婴儿床；③学步车；④儿童三轮车；⑤扭扭车；⑥儿童自行车；⑦儿童滑板车；⑧滑板车；⑨婴童席；推车席；⑩月子帽、妈咪包。在这十类相关产品中，与婴儿推车关联性最强的是儿童电动车、婴儿床、学步车和儿童三轮车，而排在第五和第六位的扭扭车和儿童自行车也进入我们的设计备选方案中。

11、你认为目前市场上的童车有哪些缺点？ [多选题]

选项	小计	比例
使用周期短	37	74%
折叠不够方便	19	38%
安全性欠佳	19	38%
不易停放	35	70%
功能单一	38	76%
其他_ _ _ _	2	4%
本题有效填写人次	50	

查看多选题百分比计算方法

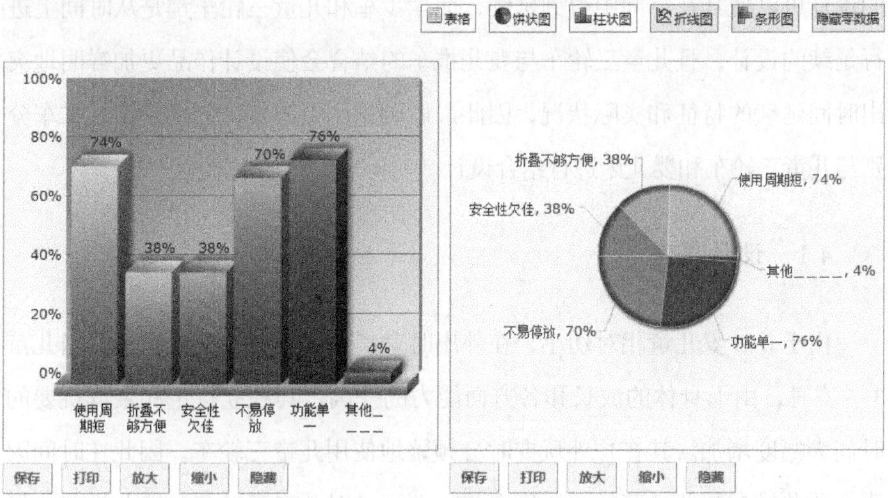

图 8.61 问卷星平台问卷 2

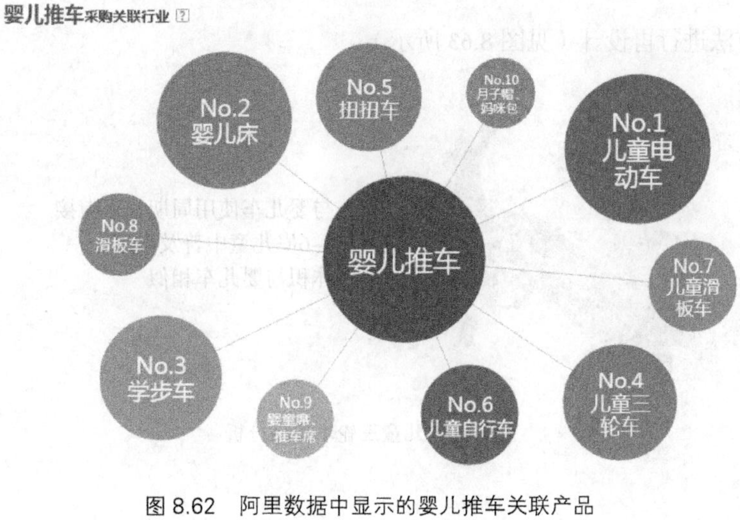

图 8.62 阿里数据中显示的婴儿推车关联产品

接下来，我们需要去除可行性低的相关产品方案。首先被排除的是儿童电动车，因为其与婴儿推车的工作原理相差太多，它们之间不易得到合理的设计方案；其次，由于物理形态相差略大，扭扭车和儿童自行车两个备选项也相继被排除。剩下的方案产品为婴儿床、学步车和儿童三轮车，这三个产品在外观形态和工作原理方面都与婴儿推车有充分的结合点。但随着进一步的思考发现，由于是同时期不同环境中使用的产品，婴儿床与婴儿推车结合的设计可以使其在空间中得到延续，而学步车和儿童三轮车都是从时间上进行延续的设计，且儿童三轮车与婴儿推车的结合会使设计作品更加鲜明地突出时间延续的特征和实际状况，因此最后确定两组方案，分别是婴儿推车分别与儿童三轮车和婴儿床进行结合设计。

4.1 设计思考

由于 0~3 岁儿童相对幼小，在外出时家长多半会使用儿童推车。当儿童 3~6 岁时，由于身体的成长和各方面能力的提高，其独立行走和聚群玩耍的时间大幅度增加。其在户外玩耍时会频繁地使用儿童三轮车。因此在时间因素中婴儿推车与儿童三轮车紧密衔接，而通过对儿童三轮车和婴儿推车的形态进行对比后可以发现，两者有着很多相似的特征，可以根据一定的组合和剔除方法进行再设计（见图 8.63 所示）。

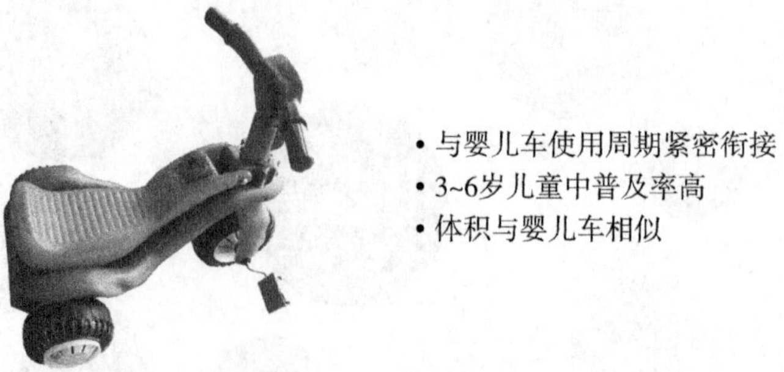

• 与婴儿车使用周期紧密衔接
• 3~6岁儿童中普及率高
• 体积与婴儿车相似

图 8.63 儿童三轮车产品分析

4.1.1　整体外观

车体是连接所有部件的核心框架，具有固定和支撑的功能，由于婴儿推车和儿童三轮车体积相似，部件不同，首先需要解决的就是对共同部分的整合，形成统一的外观形态。

4.1.2　车轮

由于需要实现推车和三轮车的自由变化，车轮采用三轮设计，既满足了车体的转弯灵活性，又不失车体的稳定性（如图 8.64 所示）。

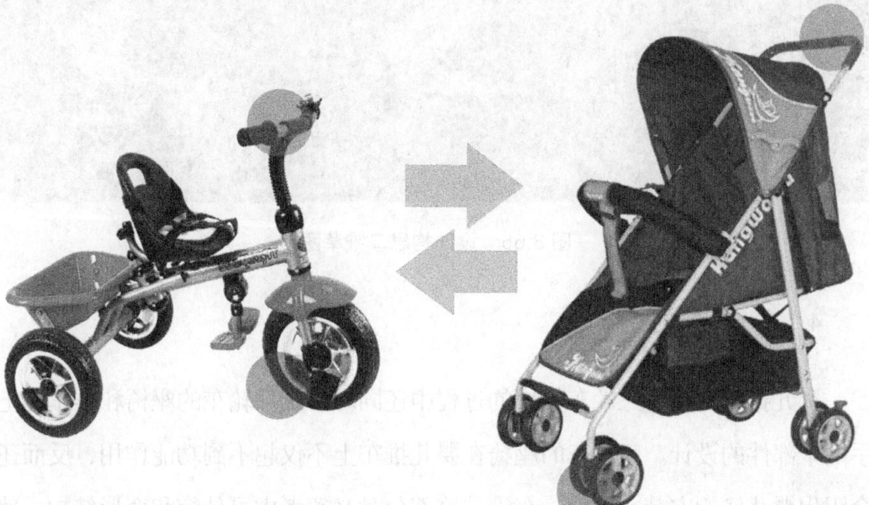

图 8.64　婴儿推车与儿童三轮车结构合并分析

4.13　安全锁

针对两种车型对前轮的不同需求，在车体前叉部进行了旋钮式安全锁设计。在儿童推车模式下，安全锁打开，前叉和车体前轴可保持 360° 旋转，前轮变为万向轮；而在儿童三轮车模式下，安全锁进行顺时针 360° 旋转，前叉与车体前轴锁定，前轮方向由车把控制，从而保持不同形态下车体的安全性。

4.1.4 婴儿篮

婴儿篮是决定设计后产品基本形态的重要组成部分，由于不像轮子部分那样是婴儿推车和儿童三轮车都需要的，婴儿篮最终选择使用可拆卸结构，装上婴儿篮变成婴儿推车，拆下婴儿篮就成为儿童三轮车（如图 8.65 所示）。

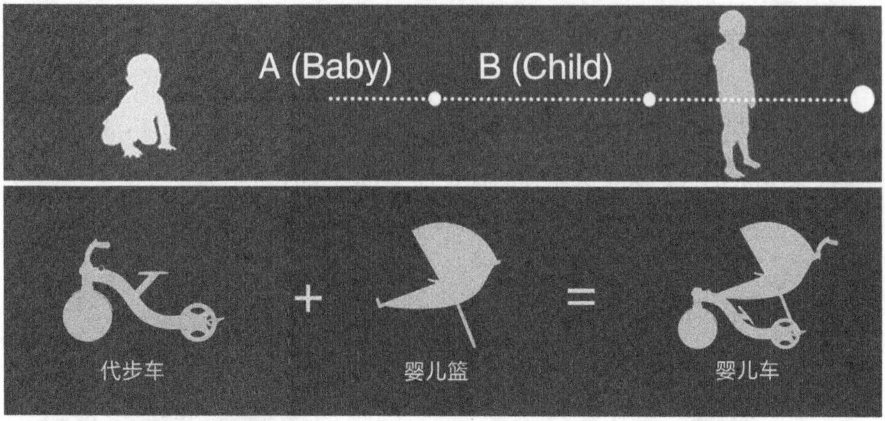

图 8.65 设计构思二维草图

4.1.5 座椅和把手

婴儿推车和儿童三轮车转换的过程中还同时涉及三轮车的座椅和推车的把手两个部件的设计。三轮车的座椅在婴儿推车上不仅起不到功能作用，反而还会阻碍婴儿篮的安装，因此，在设计这部分时必须考虑可伸缩和变形结构，使其在折叠中满足两种形态的功能需要。婴儿推车的把手也同样是这种情况，由于推车的使用以推为主，因此把手应当在车体尾部，而儿童三轮车以骑行为主，其把手在车体前方。由于需求的位置不同，把手的设计可采用可拆卸的结构，既能够解决婴儿推车和儿童三轮车的功能需求，又不产生多余的部件。

5.1 设计定案

通过以上一系列的设计构思和制作，最终确定了图 8.66、图 8.67 中的方案，即将儿童三轮车的座椅、把手以及婴儿篮都设计成可折叠和可拆卸部件，从而使婴儿推车和儿童三轮车可以自由变换，进而延长产品的使用寿命。

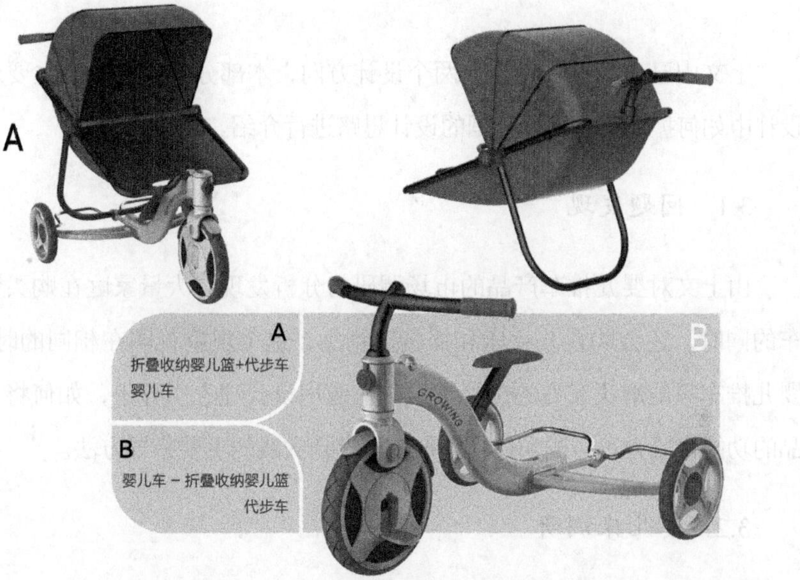

图 8.66 Growing 多功能婴儿车设计定案图 1

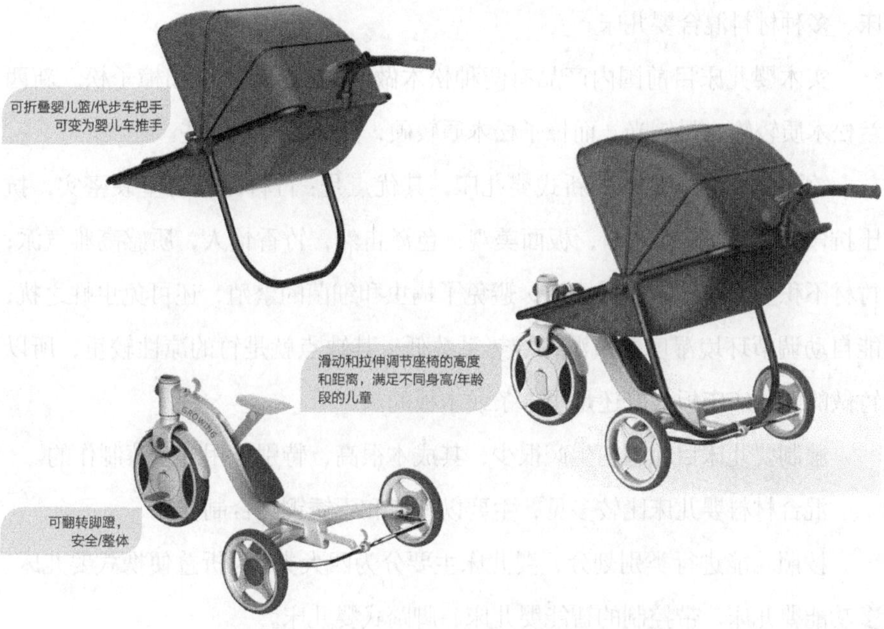

图 8.67 Growing 多功能婴儿车设计定案图 2

3 用设计空间轴案例——《1+1>2》

上文中已讲到通用设计的两个设计方向，本部分的案例内容主要对通用设计中如何扩大产品使用范围的设计思路进行介绍。

3.1 问题发现

由上文对婴儿推车产品的市场调研与分析发现，大量家庭在购买婴儿推车的同时，还会购置儿童床和摇篮等物品，这个现象说明在相同的时间内，婴儿推车只能解决家庭的部分需求，在通用设计理念引导下，如何将上述产品的功能合二为一，成为在空间维度下设计实践的主要指导方法。

3.2 婴儿床调研

现在的婴儿床款式多种多样，功能和价格也是相差也很大。按照材料标准，婴儿床主要可分为：实木婴儿床（有漆无漆两种）、竹婴儿床、藤制婴儿床、多种材料混合婴儿床。

实木婴儿床目前国内产品有两种松木做原料：新西兰松和樟子松。新西兰松木质较软、易刨光，而樟子松木质较硬，光洁度要差一些。

竹制的婴儿床是一种新式婴儿床，其优点是：竹材比木材坚硬密实，抗压抗弯强度高；纹理清晰，板面美观，色泽自然，竹香怡人，质感高雅气派；竹材不积尘、不结露、易清洁，避免了螨虫和细菌的繁殖，还可免虫蛀之扰；能自动调节环境湿度并抗湿，导热系数低，其缺点就是竹的凉性较重，所以竹做的婴儿床床板最好还是用木条或木板的。

藤制婴儿床目前国内生产很少，其成本很高，特别是用野生藤制作的。

混合材料婴儿床比较多见，主要以塑料和不锈钢结合制作。

按照功能进行类别划分，婴儿床主要分为四大类：可折叠便携式婴儿床、多功能婴儿床、带控制的智能婴儿床、脚踏式婴儿床。

3.2.1 可折叠便携式婴儿床

采用机械结构将其折叠，折叠后成为紧凑的婴儿用品旅行包装袋，可盛装许多婴儿用品或其他物品，实用方便。

3.2.2 多功能婴儿床

包括用可拆式书架组装的两用婴儿床；可互换成桌、椅、摇床的婴儿床；高度可调节、使喂奶方便的婴儿床；能变换为成人床的成长婴儿床。

3.2.3 带控制的智能婴儿床

带有微电脑控制和电磁驱动装置，具有自动摇摆、音乐催眠、尿湿报警、定时提醒、声控启动、模仿心跳、身姿塑造、早教开发等八大功能。

3.2.4 脚踏式婴儿床

脚踏板为驱动装置，脚踏板通过拉绳带动摇篮摇荡，不用时收拢踏板，即可悬挂，结构简单，使用方便。

如图 8.68 数据显示，婴儿床的热门功能为：带滚轮，带蚊帐，游戏床，便携式，可折叠。

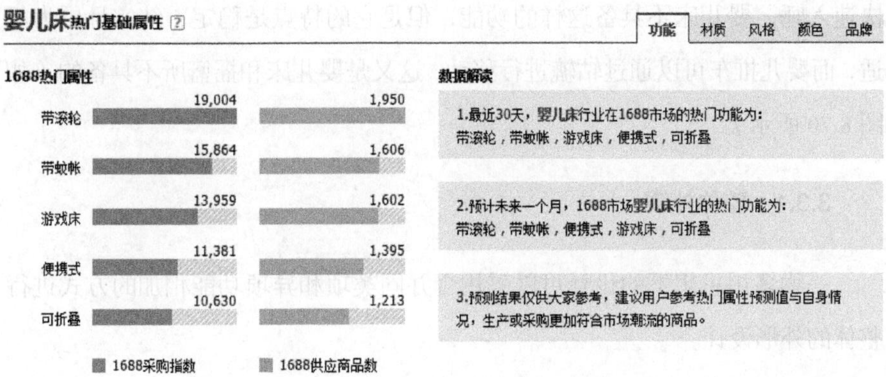

图 8.68 阿里数据中采购者对婴儿床的功能需求搜索

通过图 8.69 阿里数据中显示的婴儿床关联采购商品，我们可以看到采购者在采购婴儿床的同时，通常还会关联采购婴儿其他用品，其中量最大也是关联购买性最强的就是婴儿推车。

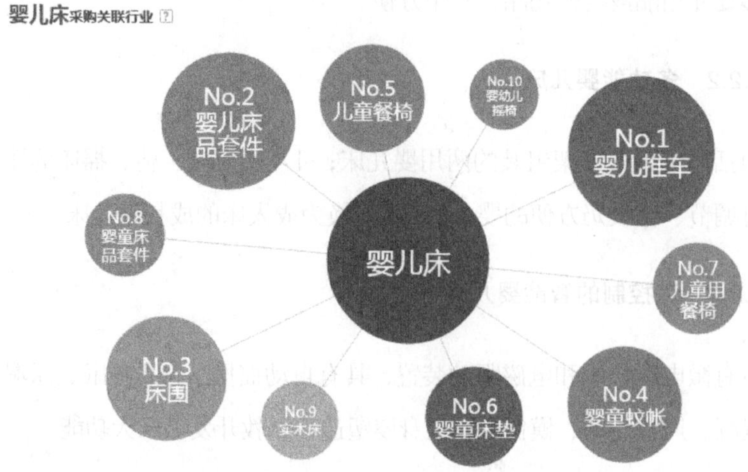

图 8.69 阿里数据中婴儿床的关联采购商品

3.3 设计思考

通过对比发现，其实婴儿床、婴儿摇篮以及婴儿推车都具备承载婴儿的基本功能，但不同的是，婴儿摇篮具备可晃动性，可以通过外力摇动使婴儿快速入睡，婴儿床不具备这样的功能，但是它的特点是稳定、结实且更为舒适，而婴儿推车可以通过轱辘进行移动，这又是婴儿床和摇篮所不具备的（如图 8.70 所示）。

3.3.1 整体外观

一物多用思想下的设计可以采用合并同类项和异项功能相加的方式进行整体的外形设计。

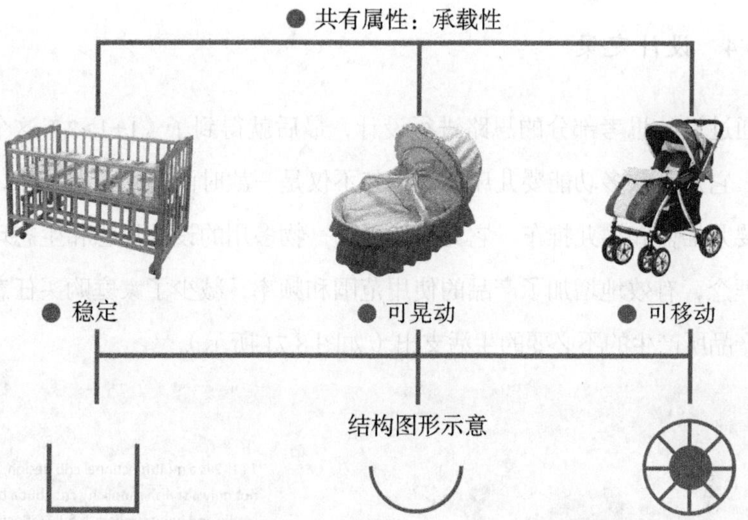

图 8.70 婴儿床、婴儿摇篮以及婴儿推车产品分析图

3.3.2 婴儿篮

无论婴儿床、婴儿摇篮还是婴儿推车都具备承载婴儿的基本功能，区别在于婴儿摇篮具备可晃动性，可以通过外力作用使其摇动。婴儿床的特点是稳定、结实且舒适。婴儿推车则具备移动性。由于可晃动性和移动性可以通过弧形结构以及轮子实现，因而在婴儿篮的设计中采用了婴儿床外观和结构特征。

3.3.3 弧形结构

为了使推车具备摇床的属性，在车体底部进行了弧形结构设计，这个结构的优势在于可以转换放置方式实现功能转换。

3.3.4 轮子

为了具备推车的移动功能，轮子是产品设计中必不可少的配件之一，将其设计在弧形结构上，可自由实现摇床和推车功能转换。

3.4 设计定案

通过设计思考部分的思路进行设计，最后就得到了《1+1>2》这个设计作品，它是一款多功能婴儿床设计，其不仅是一款时尚简约的婴儿床，还是一个婴儿摇篮和婴儿推车。它充分体现了一物多用的设计思想和生态环保的设计理念，有效地增加了产品的使用范围和频率，减少了家庭购买任意其他两款产品所产生的不必要的生活支出（如图 8.71 所示）。

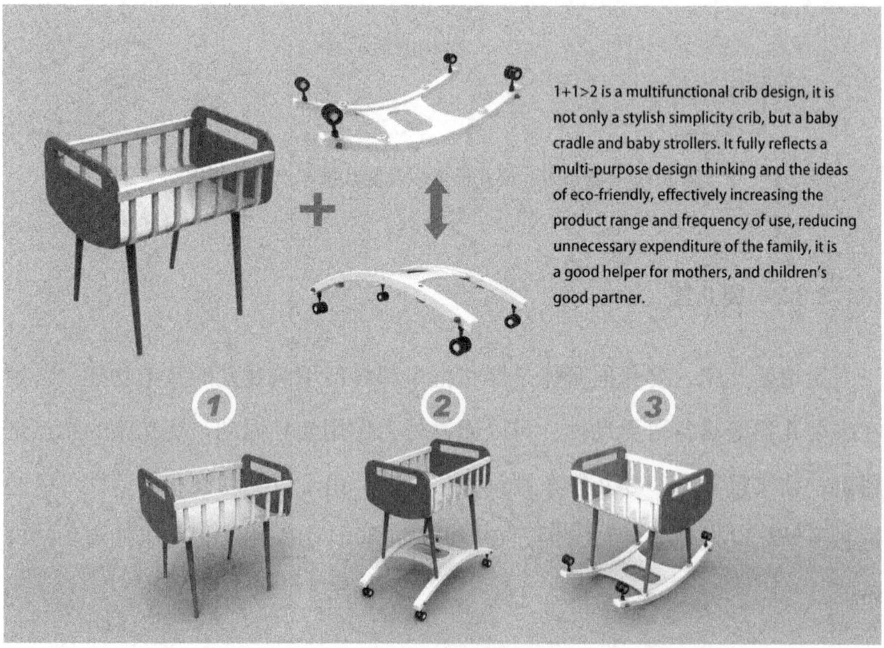

图 8.71 《1+1>2》设计作品的最终展示效果图

参 考 文 献

［1］王鸿生，孙立明 . 可持续发展百题问答［M］. 北京：当代中国出版社，1997.

［2］［美］Donella H Meadows，Dennis L Meadows，Jorgen Randers. 增长的极限［M］. 于树生，译 . 北京：商务印书馆，1984.

［3］李亦文 . 产品设计原理［M］. 北京：化学工业出版社，2003.

［4］刘晓陶 . 生态设计［M］. 济南：山东美术出版社，2006.

［5］［美］John P S Salmen. Universal Design and Accessible Design［J］. 装饰，2008（10）：16–19.

［6］［日］中川聪 . 谈高龄化社会的消费市场与通用设计——为何日本各大企业相继导入通用设计［R］. 台北：台湾创意设计中心，2005.

［7］刘晶 . 城市居家老人生活质量评价指标体系研究［D］. 上海：华东师范大学，2005.

［8］何纪周 . 我国老年人消费需求和老年消费品市场研究［J］. 人口学刊，2004（3）：49–52.

［9］朱红文 . 工业 · 技术与设计［M］. 郑州：河南美术出版社，2000.

［10］［美］Preiser W，Ostroff E. Universal Design Handbook［M］. New York：Mcgrow–hill，2000.

［11］余虹佚 . 爱 · 通用设计［M］. 台北：大块文化出版股份有限公司，2008.

［12］张坤民，可持续发展论［M］. 北京：中国环境科学出版社，1999.

［13］马光 . 环境与可持续发展导轮［M］. 北京：科学出版社，2000.

［14］北京大学中国可持续发展研究中心．可持续发展之路［M］．北京：北京大学出版社，1994.

［15］Washington D C. Population Handbook［M］. Population Reference Bureau，Inc，1980.

［16］联合国．老龄问题世界大会的报告［R］. 1982.

［17］联合国．世界人口展望［R］. 1996.

［18］卢晓欧，张福昌．通用设计为所有使用者设计的理念［J］，包装与设计，2001（02）：49.

［19］吴良镛．世纪之交的凝思：建筑学的未来［M］．北京：清华大学出版社，1999.

［20］马克思，恩格斯．马克思恩格斯选集［M］．北京：人民出版社，1972.

［21］李文．人口与经济可持续发展［D］北京：中国社会科学院研究生院，2002.

［22］联合国经济和社会事务部．世界经济和社会概览［R］. 2007.

［23］中华人民共和国国家统计局．中国统计年鉴 2015［M］．北京：中国统计出版社，2015.

［24］刘同福．中国式持续发展［M］．北京：机械工业出版社，2007.

［25］黄群智．台湾企业产品设计运用“通用设计”概念之研究［J］，南华大学应用艺术与设计学报，2007（2）：81-84，86.

［26］张道一．艺术学研究［M］．南京：江苏美术出版社，1995.

［27］Victor Papanek. Design for Human Scale［M］.［日］阿部公正，译．千叶：晶文社，1985.

［28］张立宪．读库 0803［M］．北京：新星出版社，2008.

［29］杨砾，徐立．人类理性与设计科学［M］．沈阳：辽宁人民出版社，1988.

［30］Fletche V. 全民设计——21 世纪以人性为主的设计［J］．设计，2002

(103): 4-5.

[31] Polly Welch. STRATEGIES FOR TEACHING UNIVERSAL DESIGN [M] Adaptive Environments, MIG Communications, 1995.

[32][美] Brewer J, Kerscher G, Lucas S.Accessibility and universal design: advantages and impact for business government and developers [J]. Computer Networks and ISDN Systems, 1998 (30): 759-760.

[33] Connell B, Jones M, Ronald, Mace L. The Principles of Universal Design [R]. NC: North Carolina State University, The Center for Universal Design, 1997.

[34][日]中川聡.通用设计的教科书(增订版)[M].张旭晴,译.台北:龙溪国际图书有限公司,2006: 14-16, 24-29, 38-39.

[35] Toshiki Yamaoka, Kazuhiko Yamazaki, Akira Okada, etal. A Proposal for Universal Design Practical Guideline [R].Japan: International Conference for Universal Design in Japan, 2002.

[36] 林振阳.台湾企业产品设计运用"通用设计"概念之研究[J],台湾师范大学技术与职业教育学报,2005(9): 13-28.

[37] 李传房.高龄使用者产品设计之探讨[J].设计学报,2006,11(3): 65-73.

[38] 曾思瑜.从无障碍设计到通用设计——美日两国无障碍环境理念变迁与发展过程[J].设计学报,2003,8(2): 57-75.

[39] 倪瀚.现代产品概念的通用设计建构[J].包装工程,2007,8: 155-157.

[40] 刘观庆,从关怀设计到通用设计[J].无锡轻工大学学报(社会科学版),2000,11: 82-85.

[41][美] R 卡逊.寂静的春天[M].吕瑞兰,译.北京:科学出版社,1979: 5-10.

[42] Howda T Odum, B Odum.Concepts and methods of ecological

engineering［J］.Ecological Engineering，2003（20）：339-361.

［43］刘湘溶，朱翔．生态文明——人类可持续发展的必由之路［M］长沙：湖南师范大学出版社，2003：15-16.

［44］Holling C S. Sustainability：The Cross-scale Dimension［M］. Washington：D C United Nations University，1995.

［45］智库百科．可持续发展理论［EB/OL］.2009［2009-03-13］http：//wiki.mbalib.com/wiki/.

［46］董之鹰.21 世纪的社会老年学学科走向［EB/OL］.（2003-11-18）［2005-9-28］http：//www.cass.net.cn/file/2003111810095.html.

［47］Population Division，DESA.World Population Ageing 1950-2050［R］.United Nations，2002.

［48］中国老龄办公室．中国人口老龄化发展趋势预测研究报告［R］．北京：中国老龄工作委员会，2007.

［49］Population Division，DESA.World Population Ageing 1950-2050［R］. United Nations，2002.

［50］中国老龄办公室．中国人口老龄化发展趋势预测研究报告［R］.北京：中国老龄工作委员会，2007.

［51］联合国．国际人口与发展会议行动纲领［R］.开罗，联合国国际人口与发展会议，1994.

［52］［美］德鲁克，马恰列洛．德鲁克日志［M］.蒋旭峰，王珊珊，等，译．上海：上海译文出版社，2006.

［53］谭征宇．面向用户感知信息的产品概念设计技术研究［D］.杭州：浙江大学，2007.

［54］Steinfeld E.The future of universal design［R］.NY：IDEA Center，2006.

［55］刘连新，蒋宁山．无障碍设计概论［M］.北京：中国建材工业出版社，2004.

[56] Laura Herbst. 通用设计产品包你满意 [J]. 科技新时代，1997 (3): 13.

[57] 陈俊东 . 台湾当前之设计关怀初探 [D]. 台南：成功大学工业设计研究所，2000.

[58] 徐超 . 论“通用设计”的设计理念 [J]. 浙江工艺美术，2004 (4): 35-36.

[59] [美] 施里达斯 · 拉夫尔 . 我们的家园——地球 [M]. 夏堃堡，译 . 北京：中国环境科学出版社，1993.

[60] 杨小东，刘燕辉 .“通用设计”理念及其对住宅建设的启示 [J]. 建筑学报，2004 (10): 7-9.

[61] 陈晓蕙 . 回归造物的原点——评说通用设计的理念、目标与实践 [J]. 新美术，2004 (2): 63-66.

[62] 陆沙骏 . 城市户外家具的人性化设计研究 [D]. 无锡：江南大学，2004.

[63] 王受之 . 世界现代设计史 [M]. 北京：中国青年出版社，2002: 223-224.

[64] 李景源，孙伟平 . 价值观和价值导向论要 [J]. 湖南科技大学学报 (社会科学版)，2007，10 (4): 46-51.

[65] 邓圣南，工业生态学 [M]. 北京：化学工业出版社，2002.

[66] 朱庆华，耿勇 . 工业生态设计 [M]. 北京：化学工业出版社，2004.

[67] 李晨晓 . 无障碍设计 [J]. 包装工程，2007，28 (3): 133-135.

[68] [日] 黑川雅之 . 世纪设计提案 [M]. 王超鹰，译 . 上海：上海人民美术出版社，2003.

[69] Milton Friedman.The Social Responsibility of Business Is to Increase Its Profits [J]. The New York Times Magazine，1970，9 (13): 32-33，122-126.

[70] 滕守尧 . 非物质社会 [M]. 成都：四川人民出版社，1998.

[71] [美] 阿尔温 · 托夫勒 . 第三次浪潮 [M]. 朱志焱，译 . 上海：三联

书店，1984.

［72］［美］Stuart L Hart. 资本之惑［M］. 战颖，白晶，译 . 北京：中国人民大学出版社，2008.

［73］谭征宇 . 面向用户感知信息的产品概念设计技术研究［D］. 杭州：浙江大学，2007.

［74］杨明朗，蔡克中 . 工业设计的未来之路绿色设计［J］. 包装工程，2001，22（3）：22-25.

［75］杨岚 . 人类情感论［M］. 天津：百苑文艺出版社，2002.

［76］［美］DONALD A NORMAN. 情感化设计［M］. 付秋芳，程进三，译 . 北京：电子工业出版社，2005.

［77］天天健康网 . 我国老年人家庭结构现状［EB/OL］. 2008［2008-10-23］.http：//www.ttjk.com/oldman/lrsh/lrhy/_08102310494890.htm.

［78］田雪原 . 立足可持续发展：中日"少子高龄化"比较［J］. 市场与人口分析，2004（增刊）：7-11.

［79］国务院 . 中国老龄事业发展"十五"计划纲要（2001—2005）［R］. 北京，2007.

［80］张丙辰，王艳群 . 高龄化社会中的产品通用设计研究［J］. 包装工程，2008，29（8）：195-197.

［81］岳广垠 . 以人为本首先要研究人的需要［J］. 商场现代化，2007（12）：398.

［82］胡仁禄，马光 . 老年居住环境设计［M］. 南京：东南大学出版社，1995.

［83］郭莉莉 . 无障碍，不仅残疾人需要［N］. 人民日报，1999-12-22（B10）

［84］［美］James J P.Transgenerational Design：Products for an Aging Population［M］. New York：Van Nostrand Reinhold Co，1994.

［85］宋双权 . 松下斜式滚筒洗衣机 NA-V80GD 洗衣新革命［J］. 电器

评价，2005，2：51–53.

[86] Gregg C.Vanderheiden.Universal Design What It Is and What It Isn't [J] . Trace R&D Center，University of Wisconsin–Madison 1996 (5/6): 4.

[87] 周美玉 . 工业设计应用人类工程学 [M] . 北京：中国轻工业出版社，2001.

[88] 司马贺 . 人工科学 [M] . 上海：上海科技教育出版社，2004.

[89] 刘炜 . 住宅人工照明光环境智能控制研究 [D] . 重庆：重庆大学，2003.

[90] 王继成 . 产品设计中的人机工程学 [M] . 北京：化学工业出版社，2004.

[91] 设计联盟 . 色彩可视度清晰的配色的搭配 [EB/OL] . 2005 [2005–2–3] .http：//www.huinet.cn/news_type.asp?id=601.

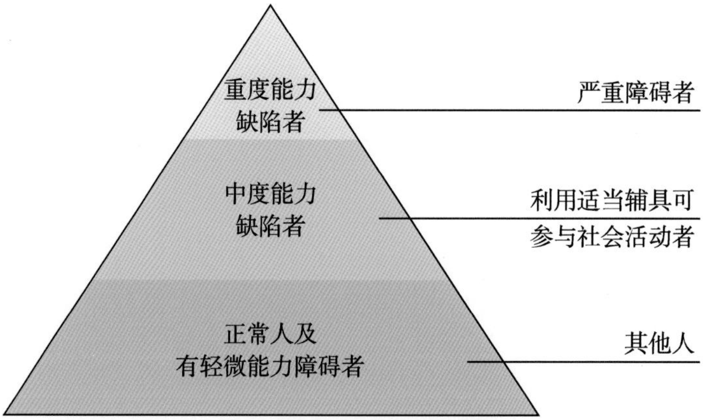

图 1.1　使用者金字塔

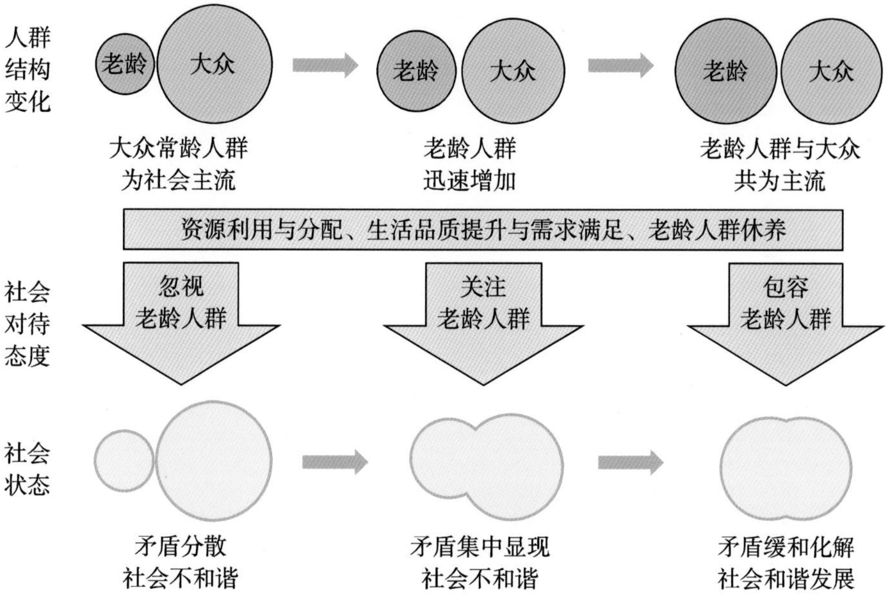

图 2.2　老龄化社会持续发展中的和谐问题

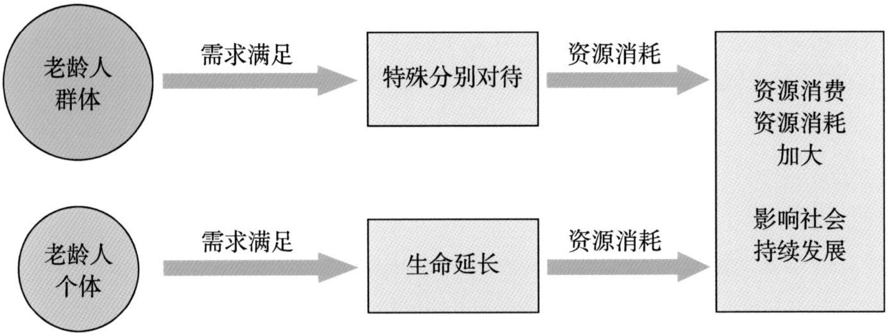

图 2.3　老龄化社会持续发展中的资源问题

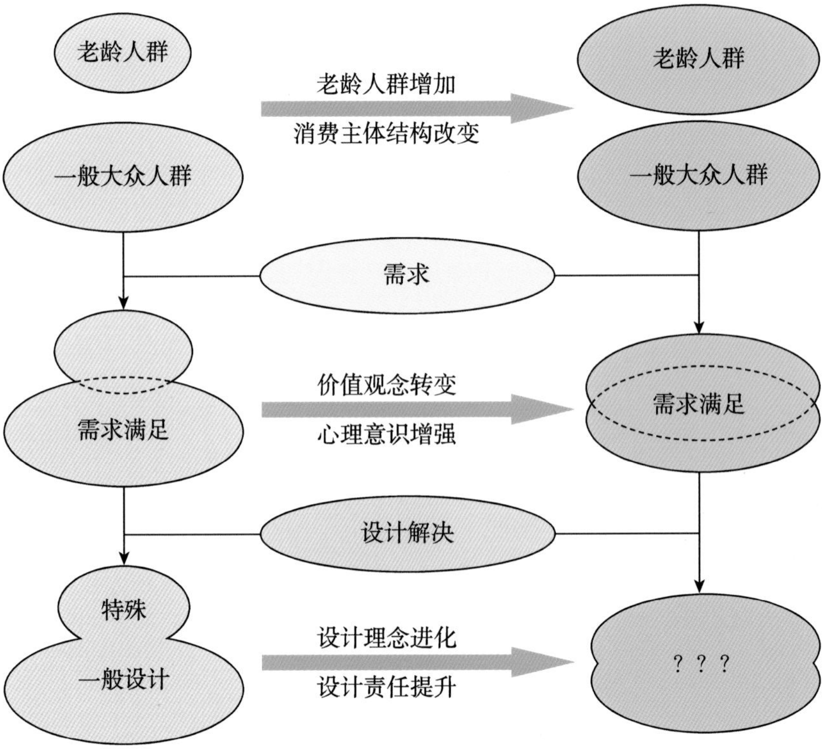

图 3.1　消费主体人群变化与设计定位矛盾性

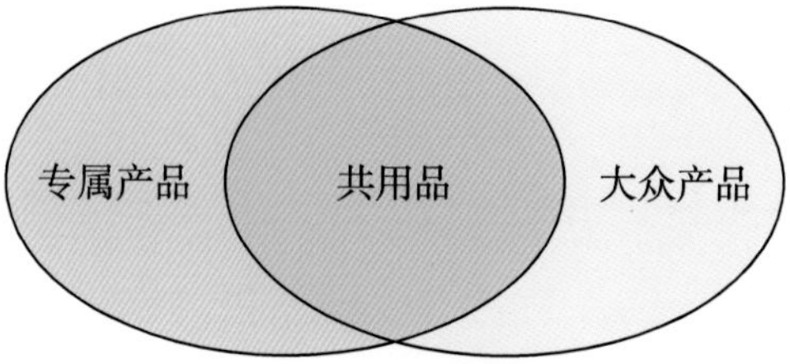

图 3.5　共用品观点

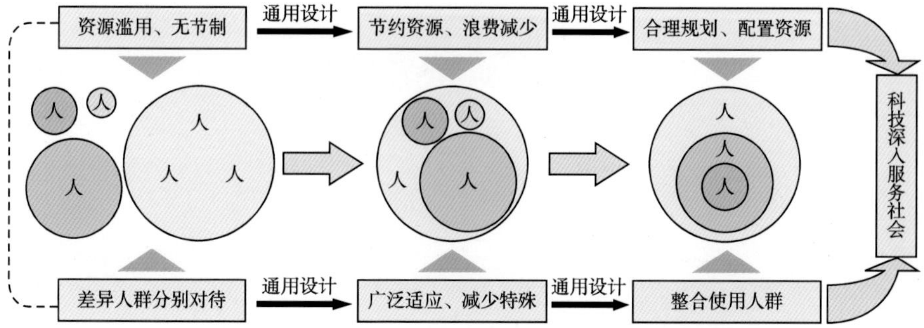

图 4.2　通用设计整合人群，促进资源合理利用

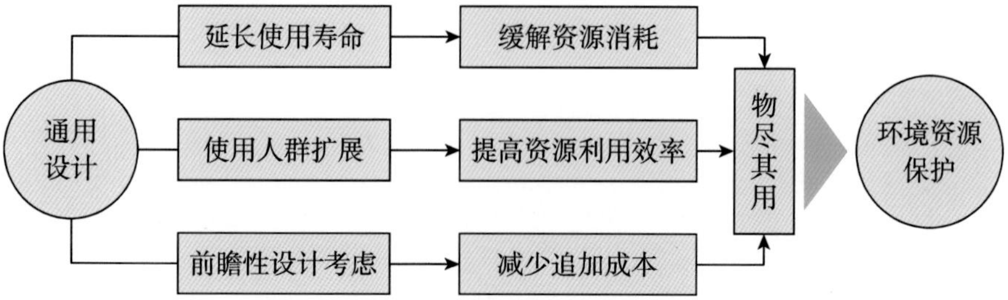

图 4.3　通用设计“物尽其用”具有环保作用

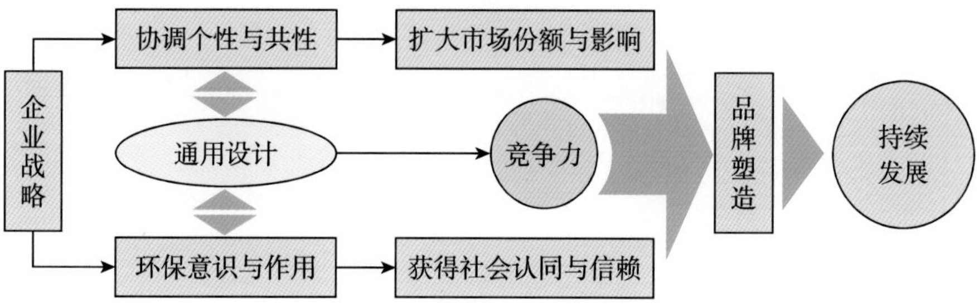

图 4.4　通用设计提升企业竞争力和品牌形象

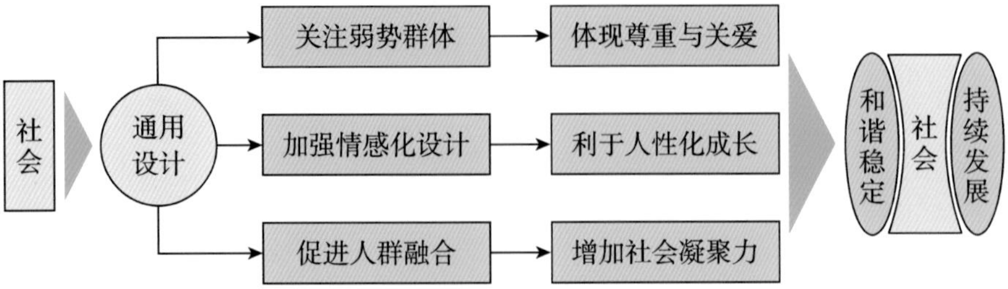

图 4.5　通用设计推广有利于社会和谐

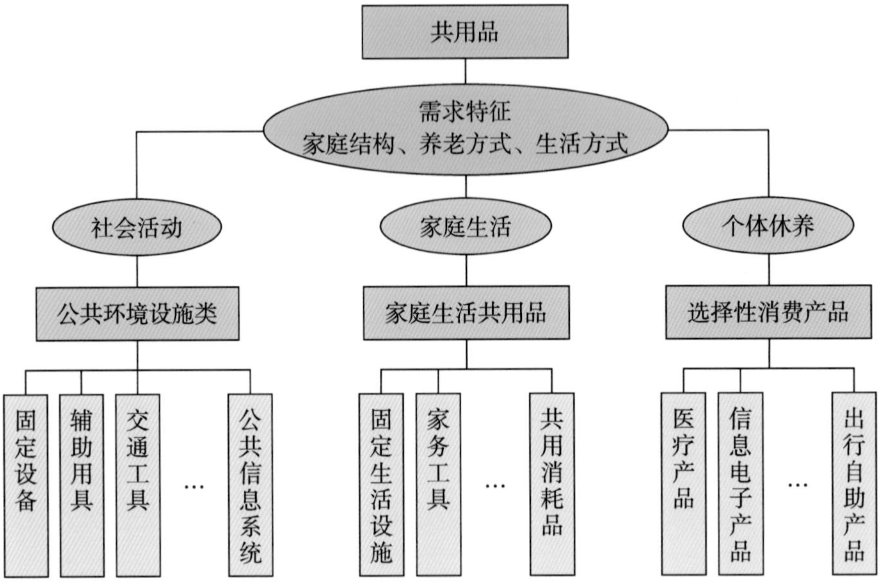

图 5.3　共用品分类树

图 6.2　图形、色彩辅助提高视觉识别

图 6.9　不需认知的自然操作

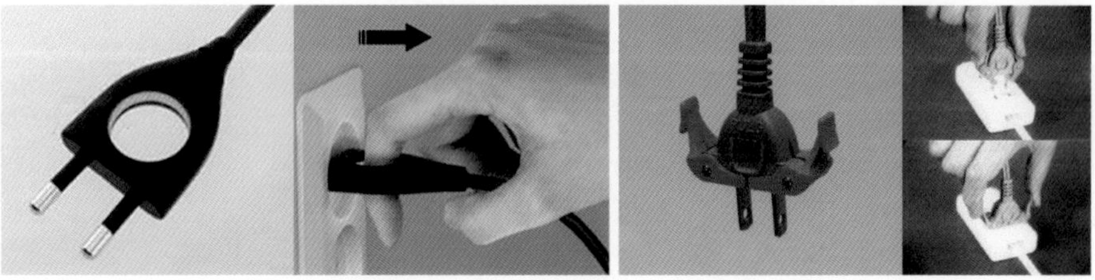

（a）　　　　　　　　　　　　（b）

图 6.10　操作力量的设计转换

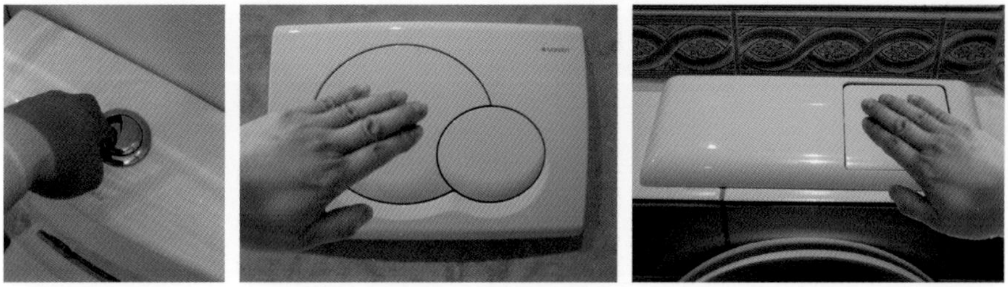

（a）　　　　　　　（b）　　　　　　　（c）

图 6.11　动作实施部位转换

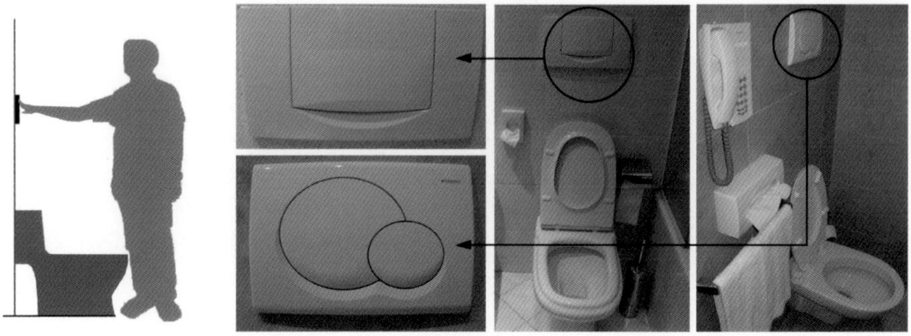

图 6.15　调整操作位置的高度

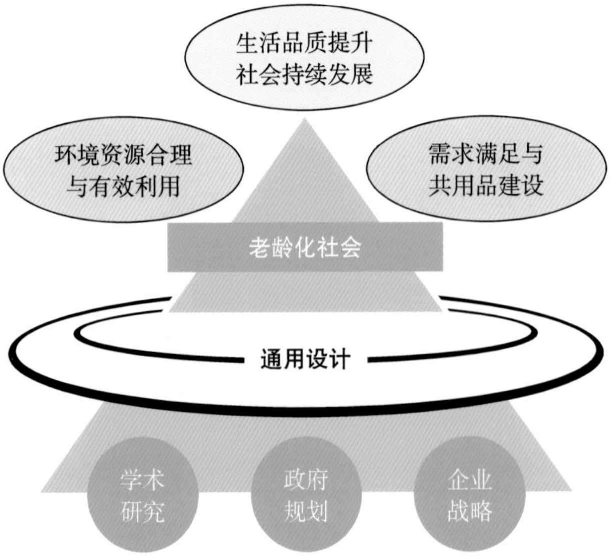

图 7.1　我国通用设计体系建设

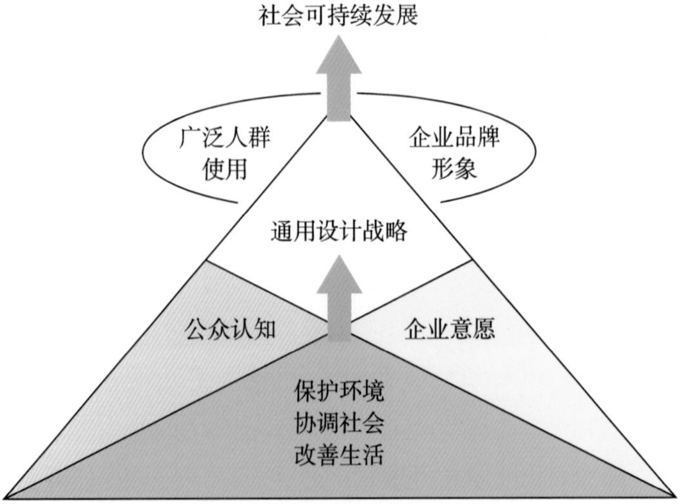

图 7.2　推广宣传通用设计的良性作用

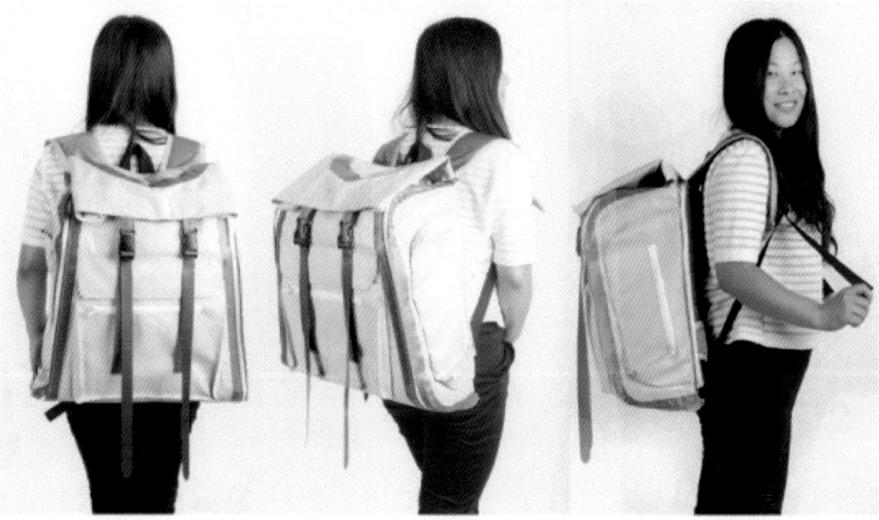

图 8.46　背包实物展示

图 8.47　展开充气状态的救生艇实物展示

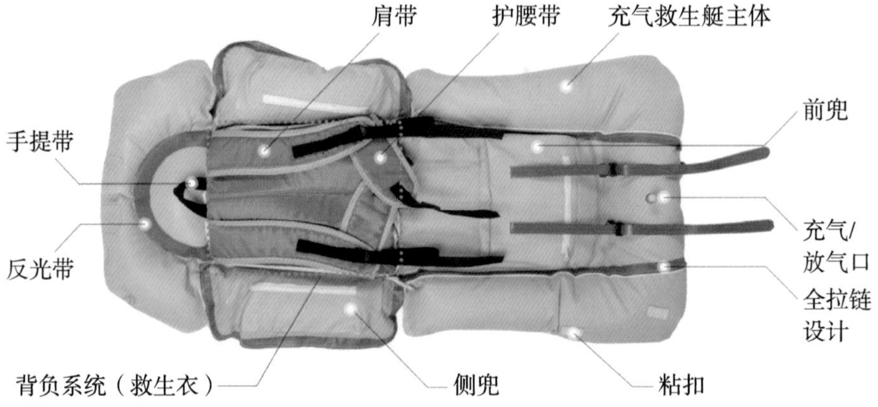

图 8.48　背包展开细节

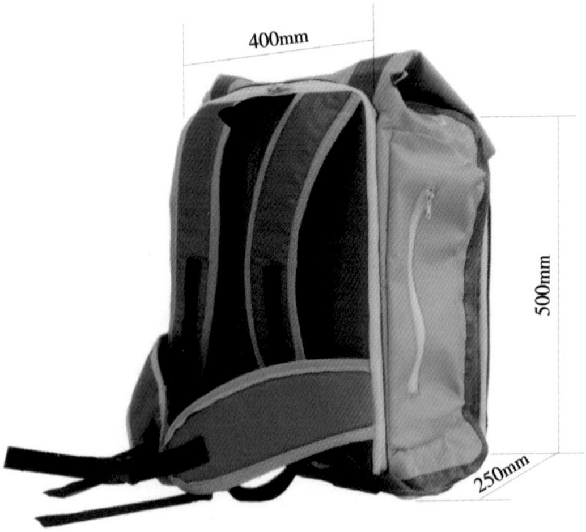

图 8.49　背包尺寸

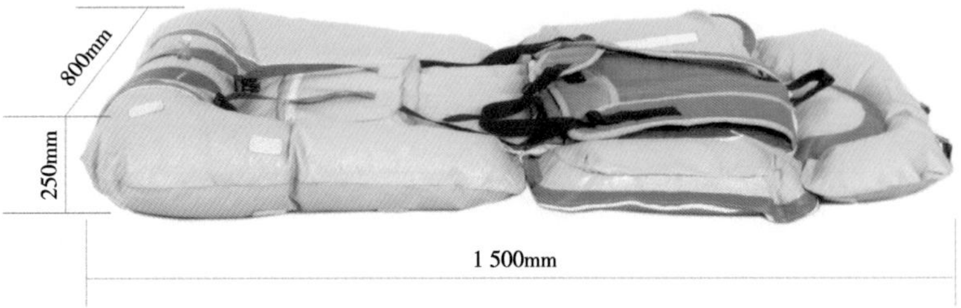

图 8.50　充气救生艇尺寸

图 8.51　人机比例

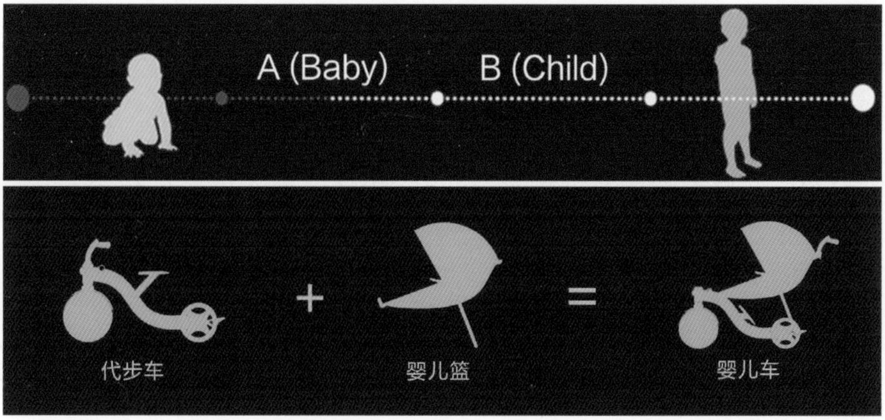

图 8.65　设计构思二维草图

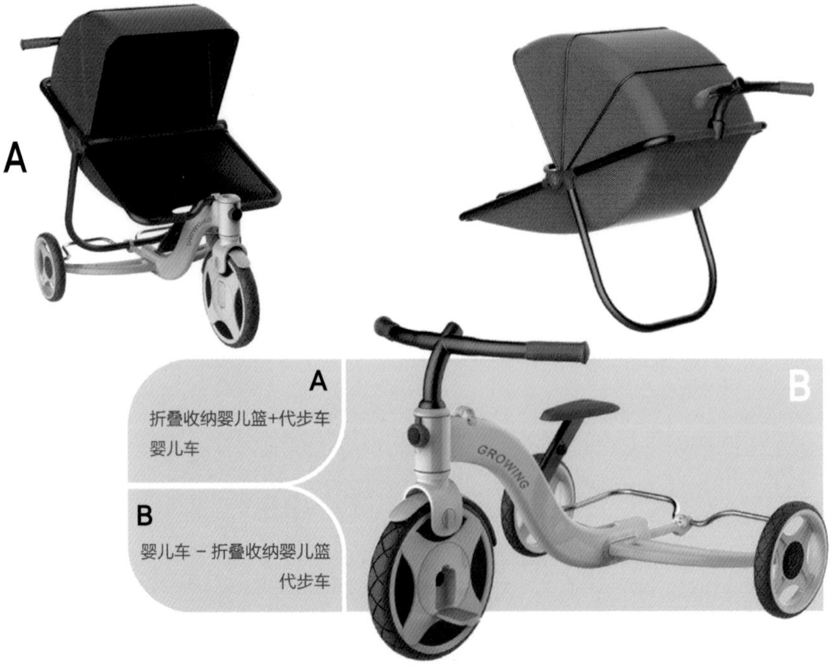

图 8.66　Growing 多功能婴儿车设计定案图 1

图 8.67　Growing 多功能婴儿车设计定案图 2